Grundsätzliche Untersuchung

des Instrumentefluges

von G. Arturo Crocco

mit 5 Bildern

München und Berlin 1942

Verlag von R. Oldenbourg

Kommissionsverlag von R. Oldenbourg, München und Berlin
Copyright 1942 by. R. Oldenbourg, München und Berlin
Printed in Germany
Druck von R. Oldenbourg, München

Inhaltsverzeichnis

I. Teil

II. Teil

III. Teil

Grundsätzliche Untersuchung des Instrumentefluges

Von G. Arturo Crocco

Zusammenfassung

Nach Erklärung des Instrumentefluges, der Steuerung nach Instrumenten und dieser Instrumente selbst, die zum Ausgleich der Störungen beim gleichförmigen Geradeausflug dienen, und nach dem Studium der entsprechenden Gleichungen betrachten wir die speziellen, mathematischen Grundlagen der verschiedenen Gruppen von Instrumenten.

I. Teil

1. Einleitung

Unter Instrumenteflug versteht man in der Luftfahrt jene Flugart, bei der der Pilot sich nicht nach dem Horizont richtet, sondern lediglich nach den Angaben gewisser Bordinstrumente.

Diese Flugart wurde nach und nach notwendigerweise entwickelt, da man festgestellt hatte, daß, wenn der Pilot infolge von Dunkelheit, Nebel, Regen oder Dunst den Erdhorizont nicht mehr sieht und daher die Kontrolle über die Lage und Bewegung des Flugzeuges verliert, er sich — selbst bei vorhergegangener besonderer Ausbildung — nicht mehr auf seine Sinne verlassen kann.

Während man nun zunächst daran ging, Vorrichtungen für die Landung zu schaffen, begann man besondere Instrumente, die während des Fluges den Erdhorizont ersetzen sollten, zu erfinden und auszuarbeiten. Gleichzeitig wurden Ausbildungsstätten geschaffen, um die Flugzeugführer mit deren Anwendung vertraut zu machen.

Man fand nun, daß diese Instrumente nicht nur im Notfalle, sondern auch im gewöhnlichen Fluge zweckmäßig sind und eine genauere Steuerung ermöglichen, so daß es ratsam schien, sie auch bei guter

Sicht zu verwenden. Ferner stellte man fest, daß man mit Hilfe dieser Instrumente nicht nur gerade und gleichförmige Flüge, sondern auch Steigflüge und Kurven ausführen kann, was im Nebel ja unbedingt notwendig ist, wenn man die Höhe oder die Flugrichtung ändern muß, um irgendwelchen Hindernissen, deren topographische Lage man nicht kennt, auszuweichen. Manche Schule ist schon so weit gegangen, die geeignetsten Schüler im Blindflug auszubilden.

Die Bezeichnung „Instrumenteflug" ist heute durch die erkannte Möglichkeit gerechtfertigt, Flugzeuge in beliebigen Flugzuständen nur mit Hilfe der Bordinstrumente zu lenken.

Es ist nunmehr notwendig, diese Möglichkeit durch eine analytische Prüfung des Problems zu betrachten, um so bestimmte Kriterien für die Wahl der zu diesem Zwecke geplanten Instrumente zu finden, und andere Kriterien, um die verschiedenen Theorien zu vergleichen.

Der Zweck dieses Aufsatzes soll sein, ein bestimmtes Verfahren, das bereits früher von uns besprochen wurde, weiter zu entwickeln; dieses Verfahren stützt sich auf die Prüfung der Stabilität, die sich durch die Steuerung nach Instrumenten bei gestörter Bewegung ergibt[1]).

Bisher betrachtete man die Stabilität eines Flugzeuges mit festen Rudern und in einer Lage, die einer bestimmten, gleichförmigen Bewegung entspricht — sei sie nun geradlinig oder kurvenförmig. Man suchte dann mathematisch den Verlauf irgendeiner Störung in den Parametern einer solchen gleichförmigen Bewegung, bei der der Pilot nicht eingriff.

Neigt die Störung dazu, von sich aus abzuklingen, so ist das Flugzeug „eigenstabil".

Greift der Pilot dagegen dauernd ein, um die Störung zu beseitigen, so verliert die obige Betrachtung jeden Wert; denn im allgemeinen kann ein geschickter Pilot das Flugzeug im gewöhnlichen Flug, auch wenn es nicht eigenstabil ist, führen. Das Eingreifen des Piloten wird aber mathematisch nicht berechnet werden können, da es von unbestimmbaren, psychologischen Reaktionen abhängt.

Beim Instrumenteflug erscheint diese Frage in einem anderen Licht. Bei dieser Flugart sind die Reaktionen des Piloten durch Instrumente bestimmt, deren Anzeige mathematisch berechnet werden kann. Bei jedem Instrument ist die Anzeige an die Veränderungen eines oder

---

[1]) Siehe Crocco, „La stabilità nel volo strumentale", Rendiconti Accademia Lincei, August 1932.

mehrerer Parameter des Fluges gebunden. Indem sich der Flugzeugführer nun nach ihnen richtet, greift er mit Hilfe bestimmter Steuermaßnahmen ein. Handelt es sich nun um einen Parameter, so hält
er ihn konstant oder verändert ihn, handelt es sich um mehrere, so
beeinflußt er das Verhältnis zwischen ihnen.

Drückt man nun dieses Verhältnis oder diesen einen Parameter in
einfachen Gleichungen zwischen den Parametern des Fluges aus und
führt man diese in die klassische Gleichung der Stabilität der Flugzeuge
ein, so kann man ersehen, ob und innerhalb welcher Grenzen die Stabilität erreicht werden kann und wieweit die verwendeten Instrumente
brauchbar sind.

2. Der Instrumentenflug

Bei dieser Art zu fliegen, die ein Vorgänger der automatischen Steuerung ist, ist der Flugzeugführer auf einen „denkenden Servomotor"
angewiesen. Wir nennen ihn „Servomotor", weil seine Aufgabe lediglich darin besteht, die Anzeige eines bestimmten Instrumentes durch
Betätigung des entsprechenden Ruders konstant zu halten, wobei der
Einfluß auf die Fluglage allein aus der Anzeige des Instrumentes ersehen
werden kann. Wir sagen „denkender" Servomotor, weil er die mechanischen Mängel des Instrumentes, die Interferenzwirkungen und Pha-
senverschiebungen aus eigenem Antrieb durch Überlegungen über Ur-
sachen und Folgen korrigiert.

Ein klassisches Beispiel für den Instrumentenflug ist der Rudergänger
am Schiff, der den Kurs des Schiffes nach dem Kompaß bestimmt.

Wenn die Wirkung des Windes oder der See die Richtung des Buges,
die im wesentlichen mit dem Kurs übereinstimmt, verändert, beobachtet der Rudergänger die Veränderung der Kompaßrose und legt das
Steuerrad in den entsprechenden Drehsinn, worauf das Ruder durch
einen Mechanismus bewegt wird. Das Schiff ändert den Kurs unter dem
Einfluß der Ruderstellung, und der Steuermann sieht die Nadel des
Kompasses an die frühere Stelle zurückkehren, während die beobach-
tete Kursänderung beseitigt wird. Meistens erfolgt sogar eine Abweichung der Nadel im entgegengesetzten Sinne.

Die Stärke der Kursänderung des Schiffes während des Korrektions-
manövers hängt von der Stärke der Störung, von der Geschwindigkeit,
mit der der Kompaß die Störung angibt, von der Schnelligkeit, mit der
der Steuermann sie berücksichtigen kann und von der Zeit ab, die zur

Durchführung des Steuermanövers notwendig ist. Die schnelle Wirksamkeit ist durch den Umfang des Rudereinstellmanövers bedingt. Ist der Ruderausschlag jedoch sehr stark, so neigt das Schiff dazu, den ursprünglichen Sinn der Störung umzukehren, so daß eine weitere Korrektur im gegenteiligen Sinne notwendig wird (Gegensteuern).

Im allgemeinen ergibt sich eine Wellenlinie um den Kurs, die durch die Dämpfungskräfte abgeschwächt wird, oft aber nach Beseitigung der Störung weiter feststellbar ist, wenn der Mensch nicht überlegend eingreift.

3. Der mechanische Servomotor

Wir wollen nun diesen wichtigen Punkt der Instrumentesteuerung betrachten.

An Stelle des Rudergängers nehmen wir einen Mechanismus an, der das Ruder nach den Angaben des Kompasses steuert. Es ist dies der einfachste Fall, der analytisch betrachtet werden kann.

Es handelt sich hierbei um drei widerstands- und trägheitsbehaftete Mechanismen: Kompaß, Ruder und Schiff. Wir bezeichnen die Störung der mittleren Richtung des Schiffes mit ζ, die mittlere Richtung selbst mit ζ_0, die Abweichung der Magnetrose mit δ und mit ξ die Korrektur, d.h. den Winkel des Ruders, das durch den mechanischen Servomotor gesteuert wird.

Die Abweichung der Rose in bezug auf das Schiff wird $\eta = \delta - \zeta$ sein und wir werden sie als „Ausschlag" bezeichnen.

Wir nehmen nun die Wirksamkeit des Servomotors so stark an, daß man die Trägheit und den Widerstand des Ruders gegenüber der darauf wirkenden Kraft nicht zu berücksichtigen braucht.

Wir können dann ein einfaches, lineares Verhältnis zwischen der Korrektur ξ und dem Ausschlag η annehmen, d. h. wir können schreiben:

$$\xi = n\,\eta = n\,(\delta - \zeta) \quad . \quad . \quad . \quad . \quad . \quad . \quad . \quad . \quad . \quad (1)$$

Beim Schiff nehmen wir folgendes an: der Trägheitsfaktor ist j, der Faktor des Drehwiderstandes ist r, der Faktor des richtungsstabilisierenden Moments ist s; eine beliebige Abweichung vom mittleren Kurs infolge einer zeitlich begrenzten Störung C bezeichnen wir mit ζ.

So erhalten wir die grundlegende Differentialgleichung der freien Bewegung

$$j\,\zeta'' + r\,\zeta' + s\,\zeta = C$$

für die Dauer der Störung und die entsprechende homogene Differentialgleichung nach der Störung. So würde sich also eine Dauerstörung
ergeben.

Wird das Schiff dagegen mit Hilfe des Kompasses gesteuert, so steht
es beständig unter dem berichtigenden Einfluß des Ruders $N\zeta$, das auf
die Störung und auf den Ausdruck $s\,\zeta$ einwirkt, so daß man einfach die
Gleichung

$$j\,\zeta'' + r\,\zeta' = N\,\xi \quad \ldots \ldots \ldots \quad (2)$$

als geltend annehmen kann. Schließlich gilt für die Abweichung des
Kompasses die Formel

$$i\,\delta'' + \varrho\,(\delta' - \zeta') + \sigma\,\delta = 0 \quad \ldots \ldots \ldots \quad (3)$$

in der i die Trägheit ist, ϱ der Zähigkeitswiderstand, σ das Richtmoment.

Mit $Nn = m$ erhält man aus (1) und (2)

$$j\,\zeta'' + r\,\zeta' = m\,(\delta - \zeta) \quad \ldots \ldots \ldots \quad (4)$$

und aus den Gleichungen (3) und (4) erhält man für die Abweichung ζ
des Schiffes vom Kurs ζ_0 die Lösung

$$\zeta = \Sigma\,A\,e^{x\,t} \quad \ldots \ldots \ldots \ldots \quad (5)$$

in der x die Wurzel der Gleichung 4. Grades

$$a\,x^4 + b\,x^3 + c\,x^2 + d\,x + e = 0 \quad \ldots \ldots \ldots \quad (6)$$

ist.

Deren Koeffizienten sind:

$$\left.\begin{array}{l} a = i\,j \\ b = \varrho\,j + i\,r \\ c = \sigma\,j + \varrho\,r + m\,i \\ d = \sigma\,r \\ e = \sigma\,m \end{array}\right\} \quad \ldots \ldots \ldots \ldots \quad (7)$$

Der so erhaltene Kurs kann als stabil bezeichnet werden, wenn x
eine exponentielle oder harmonische Störung darstellt, die gedämpft
ist, d. h. also, wenn die Wurzeln in der Gleichung (6) reell und negativ
sind oder negative Realteile enthalten. Dazu müssen die Koeffizienten
der Gleichung (6) positiv sein, was immer der Fall ist. Daraus ergibt
sich durch m der Richtungssinn der Korrektur. Ferner muß die Routhsche Bedingung erfüllt sein, nämlich

$$b\,c\,d - a\,d^2 - e\,b^2 > 0.$$

Entwickelt und vereinfacht man diese Bedingung, so erhält man

$$i\,r^3 + \varrho\,j\,r^2 + \sigma\,j^2 r - m\,j\,(\varrho\,j + i\,r) > 0 \;.\;.\;.\;.\;.\;.\; (8)$$

in der alle Ausdrücke positive Werte darstellen. Gleichung (8) führt zu zwei wichtigen Betrachtungen:

Erstens: Wenn r gleich Null ist, d. h. wenn das Schiff selbst der Drehung ζ' keinen eigenen Widerstand leistet, so kann Gl. (8) nicht erfüllt werden.

Die gesamte Kursstabilität gründet sich in diesem Falle also auf einen genügenden Drehwiderstand des Schiffes.

Zweitens: Wie groß r auch immer sei, ein bestimmter Wert von m kann nicht überschritten werden.

Es ist also nicht möglich, durch den Servomotor eine energische Korrektur der Störung herbeizuführen, da dann die Routhsche Bedingung zuletzt nicht mehr erfüllt werden kann. In einem solchen Falle würde man im allgemeinen eine schwingende Störung mit wachsender Amplitude erhalten.

4. Aperiodizität

Anderseits ist es klar, daß, wenn die Korrektur nicht stark ist, die Wirkung der störenden Ursache nicht schnell beseitigt werden kann.

Diese Feststellungen erfahren aber eine radikale Änderung, wenn man in die Korrektur einen Ausdruck einführt, der zur Geschwindigkeit des Ruderausschlages proportional ist, d. h. wenn man annimmt, daß der Servomotor der Beziehung

$$\xi = n\,\eta + v\,\eta' \;.\;.\;.\;.\;.\;.\;.\;.\;.\;.\;.\;.\; (9)$$

entspricht, wobei $\eta = \delta - \zeta$ ist, wie schon früher erwähnt wurde.

Nimmt man wie früher $Nn = m$ und $Nv = \mu$ an, so erhält man

$$j\,\zeta'' + r\,\zeta' = m\,(\delta - \zeta) + \mu\,(\delta' - \zeta') \;.\;.\;.\;.\;.\;.\; (10)$$

Mit Gl. (3) kombiniert:

$$i\,\delta'' + \varrho\,(\delta' - \zeta') + \sigma\,\delta = 0 \;.\;.\;.\;.\;.\;.\;.\; (3)$$

folgt eine weitere Gleichung, jedoch mit den neuen Koeffizienten

$$\left.\begin{array}{l} (b = \varrho\,j + i\,(r + \mu)\,\\ (d = \sigma\,(r + \mu) \end{array}\right\} \;.\;.\;.\;.\;.\;.\;.\; (11)$$

während a, c, e unverändert bleiben.

Die Routhsche Bedingung lautet nun

$$i\,r\,(r + \mu)^2 + \varrho\,j\,r\,(r + \mu) + \sigma\,j^2\,(r + \mu) - m\,j\,[\varrho\,j + i\,(r + \mu)] > 0 \quad (12)$$

und erlaubt — gleichviel welchen Wert r hat, auch z. B. $r = 0$ — in den Mechanismus einen beliebig hohen korrektiven Wert m einzuführen.

Eine allgemeine Betrachtung des besprochenen Falles ist nicht leicht, da die Beziehungen zwischen den verschiedenen in Betracht kommenden Größen fehlen. Wir halten es für zweckmäßig hier einen besonderen Fall zu besprechen, dessen Einfachheit sofort zu einem Ergebnis führt. Wir werden nun die Schwingungen der Magnetnadel selbst nicht berücksichtigen, was bei Kompassen mit Kreiselregulierung mindestens für die Dauer der Korrektur möglich ist.

Wir greifen dann auf die Gl. (4) zurück, indem wir sie durch den Stabilitätsfaktor $s\,\xi$ ergänzen, den wir der Kürze halber ausgelassen hatten, und indem wir $\eta = -\zeta$ setzen, da ja vorausgesetzt wurde, daß $\delta = 0$ ist.

Gleichung (4) lautet nun einfach

$$j\,\zeta'' + r\,\zeta' + (s + m)\,\zeta = 0$$

und entspricht einer Schwingung des Typus (5), wobei die x Wurzeln der Gleichung (13) sind.

$$j\,x^2 + r\,x + s + m = 0 \quad \ldots \ldots \ldots \ldots \quad (13)$$

Hier besteht keine Stabilitätsbedingung, da $s + m$ immer positiv ist. Überdies kann m beliebig groß sein, jedoch so, daß man zuletzt einen gedämpft schwingenden Kurs erhält, dessen Frequenz mit der Stärke der Korrektur wächst. Das ist der Fall des Torpedos, wie er allgemein verwirklicht ist.

Führt man dagegen in die Korrektur einen Ausdruck ein, der zur Geschwindigkeit des Ausschlages proportional ist, so ist die quadratische Gleichung, von der der Charakter der Schwingungen abhängt, folgende

$$j\,x^2 + (r + \mu)\,x + s + m = 0 \quad \ldots \ldots \ldots \quad (14)$$

Diese erlaubt nicht nur eine energische Dämpfung, sondern auch eine beliebig große Wirksamkeit der Korrektur, wenn man auch gleichzeitig die Frequenz der Schwingungen beliebig verändert.

Diese wird tatsächlich von der Gleichung (15) abhängen,

$$\beta^2 = 4\,(s + m)\,j - (r + \mu)^2 \quad \ldots \ldots \ldots \quad (15)$$

Sie kann auch gleich Null sein, unabhängig von der Größe von r, s und m, solange sich zu diesem Zwecke der Ausdruck μ vergrößert.

In diesem Fall kann jede beliebige Störung gleich von Anfang an aperiodisch unwirksam gemacht werden.

Dies hängt mit der Tatsache zusammen, daß der zur Geschwindigkeit des Ruderausschlags proportionale Ausdruck erlaubt, daß die Korrektur auch am Anfang einen anderen Wert, also Null hat, und daß die Korrektur selbst Null wird (ihr Vorzeichen wechselt), bevor noch der Ausschlag gleich Null wird. Es handelt sich also um eine Folge der Ausbildung und des Anschlusses in der Steuerung der Ruderflosse, die die zweigliedrige Korrektur erlaubt, indem sie einen Zeitunterschied zwischen Ausschlag und Korrektur einführt.

Schließlich kann man — wenn s von Null verschieden ist — auch $m = 0$ annehmen und eine Korrektur mit einem einzigen zur Geschwindigkeit proportionalem Ausdruck einführen, der quadratisch mit dem Ruderausschlag wächst.

Das eben Besprochene hat man mit Hilfe von Regulierungsarbeiten von Maschinen zu erreichen versucht. Wir glauben jedoch die ersten zu sein, die dieses Kriterium für den Gebrauch eines mechanischen Servomotors bestimmen, der geeignet wäre, die Richtung eines Schiffes und insbesondere eines Wassertorpedos aufrechtzuerhalten. Außerdem halten wir es in diesem letzten Fall für möglich und zweckmäßig, die Theorie in die Praxis umzusetzen.

Das Kriterium kann wie folgt ausgedrückt werden:

Eine zweigliedrige Korrektur mit einem zum Ruderausschlag proportionalen Ausdruck und einem, der zur Geschwindigkeit des Ausschlages proportional ist, erlaubt es, einen Kurs mit aperiodischen sofort gedämpften Auslenkungen, die daher kleinste Amplituden besitzen, zu finden.

Das oben für die quadratische Gleichung entwickelte Beispiel gilt grundsätzlich ebenfalls für die Gleichung 4. Grades und für die vollkommene Gleichung 6. Grades, die man erhält, wenn man die Trägheit und den Widerstand des Ruders berücksichtigt. Es ist daher möglich, wenn man über eine zweigliedrige Korrektur verfügt, auch die Charakteristiken des Schiffskurses zu bestimmen, der durch einen Kompaß über den Servomotor geleitet wird, um schließlich zu erreichen, daß die Amplitude der Störung so klein wie möglich ist.

5. Der „denkende" Servomotor

Hat man nun im vorhergehenden Beispiel die Werte der beiden Koeffizienten m und μ gefunden, so ist damit die Periode und die Dämpfung des Schiffes ein für allemal bestimmt. Es wäre jedoch zweckmäßig, wenn deren Wert je nach der Natur der Störung veränderlich sein könnte. Sind die Wirkungen der Störung langsam und gemäßigt, so ist eine langsame und sanfte Steuerung notwendig. Sind die Wirkungen dagegen schnell und heftig, so ist eine schnelle und energische Steuerung erforderlich. Sind sie schließlich unregelmäßig, so braucht man im Augenblick der Störung eine energische Steuerung, während ihres Ausfalles dagegen eine mäßige.

Diese notwendige Verschiedenheit der Charakteristiken der Korrektur ist aber bei einem mechanischen Servomotor nicht unbedingt gewährleistet.

Das obige Beispiel soll vor allem den denkenden Servomotor und die Aufgabe des Denkens selbst bei der Übertragung der Anzeige eines bestimmten Instrumentes auf die Gleichgewichtsorgane eines Flugzeugs erklären helfen.

Beim Schiff ist es möglich, das „Denken" dadurch zu ergänzen, daß man einen Kompaß herstellt, dessen Anzeige selbst aus der Summe zweier Ausdrücke besteht, von denen einer proportional der Geschwindigkeit ist. Dazu eignet sich hervorragend der Wendezeiger, den wir später besprechen wollen. Im allgemeinen ist dies jedoch praktisch nicht durchführbar und die Wirksamkeit der Korrektur beruht allein auf der Überlegung, die zwei Aufgaben hat:

1. Es muß eine zweigliedrige Korrektur ausgeführt werden, d. h. nicht nur die Stärke der Anzeige, sondern auch deren Geschwindigkeit muß berücksichtigt werden. Dann muß die entsprechende Korrektur eingeleitet werden und sich schnell steigern, um wieder schwächer zu werden, bevor die Anzeige ihren höchsten Punkt erreicht hat. Bevor die Anzeige noch gleich Null ist, muß die Korrektur Null geworden sein, und eine entgegengesetzte Korrektur muß eintreten, bevor eine Anzeige im gegenteiligen Sinne erfolgt.

2. Die Stärke und Dauer der Korrektur muß nach dem Wesen der Störung geregelt werden.

Die Überlegung ergibt also die beste Korrektur und erlaubt, die kleinstmöglichen Abweichungen vom mittleren Kurs, dem man folgen will. Mathematisch wird dies durch den Grenzbegriff ausgedrückt: Die Abweichungen werden gleich Null angenommen, für das Schiff kann man also schreiben:

$$\zeta = 0; \ \zeta_0 = \text{konst.} \quad \ldots \ldots \ldots \ldots \quad (16)$$

Diese einfache, ideale Gleichung stellt also die Wirkung der Steuerung des Schiffes mit Hilfe des Kompasses unter dem Einfluß eines denkenden Servomotors dar und ersetzt somit die grundlegende Gleichung von Euler

$$j\,\zeta'' + r\,\zeta' + s\,\zeta = C \quad \ldots \ldots \ldots \quad (17)$$

die am Anfang dieser analytischen Betrachtungen erwähnt wurde, um die Störungen des Schiffes in freier Bewegung ohne Steuer darzustellen.

Wir hatten damals darauf hingewiesen, daß unter diesen Bedingungen eine dauernde Störung entsteht. Eine dauernde Störung ist aber bei richtiger Benutzung des Kompasses unmöglich, wenn die in der obigen Analyse besprochenen Voraussetzungen beachtet werden.

Tatsächlich würde eine derartige Abweichung für Gleichung (4) zu einer dauernden Abweichung der Magnetnadel führen, was mit Gleichung (3), die die Bewegung der Nadel darstellt, unvereinbar ist.

Gleichung (16), die Gleichung (17) ersetzen soll, ist also letzten Endes von der Natur des Kompasses abhängig, der hier als Steuergerät dient.

Man kann die Gleichung also, wenn man das künstliche Eingreifen des denkenden Servomotors als eine Bedingung annimmt, die im Instrument selbst liegt, als die „Instrumentegleichung" des Kompasses bezeichnen.

Wir wollen nun dazu übergehen, diese Begriffe auf den Instrumente-flug anzuwenden. In diesem Falle ist das Problem der Bewegung durch eine dritte Größe erschwert, die sich aus der Betrachtung der Flughöhe und dem Fehlen der Schwimmstabilität ergibt, so daß drei Störungen statt einer zu korrigieren sind.

Zu den beiden Steuern, die beim Schiff die Geschwindigkeit und die Richtung regeln (Motor und Ruderflosse) kommen beim Flugzeug zwei weitere Steuer hinzu, nämlich das Höhenruder und das Querruder. Mit Hilfe dieser vier Steuer wird es, wie wir weiterhin erklären werden, möglich sein, alle Faktoren, von denen der Flug abhängt, zu erklären.

6. Bezugsachsen

Diese Faktoren sind überdies voneinander abhängig und stehen in einem ganz bestimmten Verhältnis zur Höhe und zur Geschwindigkeit.

Ihre Definition selbst bildet den Gegenstand einer Untersuchung, denn bei der mathematischen Analyse der Bewegung des freien Körpers im Raum bezieht man sich am besten auf drei mit dem Flugzeug beweg-liche Achsen, während der praktische Flug und die Beschaffenheit der

Bordinstrumente besondere Bezugssysteme für die Fluglagen erfordern und außerdem mit dem Flugzeug bewegliche Achsen für die Drehungen.

Wir stellen uns vor allem drei erdfeste Achsen ξ, η, ζ vor, die wir geodätisch nennen wollen. ζ ist die Vertikale, ξ liegt in irgendeiner Himmelsrichtung, z. B. Norden.

Nachdem wir nun für das Flugzeug drei Achsen x, y, z bestimmt haben, die der Einfachheit halber mit den wesentlichen Trägheitsachsen übereinstimmen sollen (x und z liegen in der Symmetrieebene, x wird nach rückwärts positiv angenommen, z nach oben und y nach links), werden wir auf diese drei Achsen die klassischen Eulerschen Drehungen p_0, q_0, r_0 anwenden. Der Einfachheit halber nennen wir xz die Symmetrieebene, xy die Querebene und yx die Grundrißebene. Ferner soll der Schraubenzug mit der Achse x übereinstimmen.

Wenn nun das System x, y, z durch die Erde irgendeine winkelmäßige Orientierung hat und wir annehmen, daß x_1 die Schnittlinie der Symmetrieebene xz mit der Horizontalebene durch den Schwerpunkt $\eta\xi$ sei (die wir der Einfachheit halber Horizont nennen wollen), und darauf die Lotrechte z_1 fällen, so nennen wir den Winkel ϑ_0 zwischen x_1 und x oder z und z_1 Neigungswinkel. Dieser wird positiv sein, wenn das Flugzeug steigt. Die statische Querneigung des Flugzeuges entspricht dem Winkel Γ_0 zwischen z_1 und der senkrechten Schwerpunktachse ξ. Positiv ist der Winkel Γ_0, wenn sich die senkrechte Schwerpunktachse links von der Symmetrieebene befindet. Schließlich bezeichnen wir mit „Richtung" des Flugzeugs den Winkel ζ_0 zwischen der Achse x_1 und der horizontalen Bezugsachse ξ.

Die Störungen von ϑ, Γ, ζ wollen wir mit ϑ_0, Γ_0, ζ_0 definieren.

Bei der geradlinigen, waagerechten Bewegung eines Flugzeugs wird man ferner annehmen können, daß die Achsen x und y waagerecht und z senkrecht sind, so daß bei der Prüfung der kleinen Schwingungen der gestörten Bewegung die drei eben definierten Winkel anfänglich mit denen des beweglichen Koordinatensystems x, y, z übereinstimmen werden. p, q, r werden erste Ableitungen von Γ, ϑ, ξ sein. Das ist im allgemeinen jedoch nicht der Fall, außer bei ungefährer Annäherung und bei kleinen Winkeln.

Für das Bezugssystem der aerodynamischen Kräfte wird es jedoch zweckmäßig sein, ein drittes rechtwinkliges Achsensystem anzunehmen, und wir wollen diese Achsen als „Anströmachsen" (auf englisch „windaxes") bezeichnen — im Gegensatz zu den drei Achsen x, y, z, die man als flugzeugfeste Achsen bezeichnen wird (englisch: body-axes).

Wir nehmen nun an, daß das Flugzeug dem Luftstrom ausgesetzt ist (bzw. das Modell dem Luftstrom im Windkanal). Wir können nun annehmen, daß die sich ergebenden Luftkräfte in Komponenten zerlegt werden. Der Widerstand R_0 wirkt in Richtung der Achse r, die mit dem Luftstrom zusammenfällt; senkrecht darauf wirkt eine Kraft, die in der Schwerpunktebene senkrecht zur Richtung des Luftstromes liegt.

Nehmen wir nun das Flugzeug irgendwie gerichtet an, so betrachten wir die Schnittlinie der Symmetrieebene mit der zum Luftstrom senkrechten Ebene und bezeichnen sie als Achse p des Auftriebes P_0 (oder der tragenden Kraft P_0). Dagegen bleibt eine dritte Komponente D_0 in der zum Luftstrom senkrechten Ebene übrig, die in Richtung einer dritten Achse d, der Störkraftachse, wirkt.

Danach ist die **Richtung** der Störkraft senkrecht zum Luftstrom und ist daher im allgemeinen nicht senkrecht zur Symmetrieebene, wie dies in einigen aerodynamischen Berichten angenommen wurde. Die positive Richtung der drei Achsen Widerstand, Störung, Auftrieb liegt nach rückwärts, nach links und nach oben.

Für die Aufzählung der Fluginstrumente und für die Betrachtung der Stabilität muß man ferner zwei besondere Parameter einführen. Nehmen wir vor allem an, daß die Geschwindigkeit des Flugzeugs in der Symmetrieebene xz enthalten sei und daß sie längs der Achse x liege. Wir betrachten dies als den besonderen Fall des normalen Fluges. In diesem Fall fällt die Auftriebsachse p mit der Achse des Flugzeugs z zusammen, und die Achse d der Störkraft mit der Achse y des Flugzeugs. In allen anderen Fällen wird die Anstellung des Windes in bezug auf die Flügelsehne sich ändern, und daher wird die Achse p (Auftrieb), obwohl sie in der Symmetrieebene bleibt, nicht mehr mit der Achse z zusammenfallen.

Wir nennen dann den zwischen p und z liegenden Winkel φ_0 und bezeichnen ihn als Anstellwinkel des Flugzeuges.

Tritt nun die Geschwindigkeit aus der Symmetrieebene heraus, und liegt sie zu dieser schräg, so fallen auch die Schiebekraft d und die Flugzeugachse y nicht mehr zusammen. Wir bezeichnen mit ψ_0 dann den Winkel zwischen d und y und nennen ihn Schiebewinkel des Flugzeugs. Der Winkel wird als positiv angenommen, wenn der Wind die rechte Seite des Piloten trifft. Wie wir später ermitteln werden, sind die

Winkel φ_0 und ψ_0 innerhalb der normalen Grenzen des Fluges immer klein.

Im Falle $\varphi_0 = \psi_0 = 0$ fallen die Anströmachsen mit den Flugzeug-achsen x, y, z zusammen. Man beachte, daß diese Übereinstimmung grundlegender ist als die früher für den horizontalen, geradlinigen Flug angegebene, denn es genügt, daß die Achse x mit der Richtung des Luftstroms übereinstimmt, wie groß die Schräglage Γ_0 auch sei.

Für die Bewegung des Schwerpunktes werden wir schließlich das innere Achsensystem einführen, das aus der Tangente r an die Flugbahn, die mit der Widerstandsachse übereinstimmt, und aus zwei rechtwink-ligen Achsen in der dazu senkrechten Ebene besteht.

Von diesen rechtwinkligen Achsen wird die eine, c, waagerecht und positiv nach links sein; die andere, n, in der zur Tangente senkrechten Ebene, wird nach oben positiv sein.

Die winkelmäßige Lage dieses Achsensystems r, c, n wird definiert, indem man die Schnittlinie r_1 der Ebene $r\,n$ mit dem Horizont betrach-tet, d. h. die waagrechte Projektion der Achse r des relativen Luftstromes. Es ergibt sich der Winkel σ_0, den wir Kurswinkel des Flugzeugs nennen und der zwischen der Schnittlinie r_1 und der vorher bestimmten horizon-talen Richtung ξ liegt, und schließlich der Winkel β_0, den wir Steig-winkel des Flugzeuges nennen werden und der von r und r_1 positiv in Richtung „Steigen" gebildet wird.

Wir bezeichnen ferner als (dynamische) Schräglage den Winkel γ_0 zwischen der Achse n und der Auftriebsachse p oder, was gleichbedeutend ist, zwischen der Achse c und der Achse d der Kursabweichung. Mit r_2 bezeichnen wir schließlich die Senkrechte zum Auftrieb in der Sym-metrieebene.

Auf die beiden Achsen c und n beziehen sich die üblichen Komponen-ten, die durch die Krümmung der Flugbahn eines Flugzeugs im Kurven-flug hervorgerufen werden, d. h. durch die Krümmung der Flugbahn in der waagerechten und in der senkrechten Ebene. Virata wird die Krüm-mung in der waagerechten Ebene sein, oder besser die Winkelgeschwin-digkeit Ω_0 mit der sich der waagerechte Krümmungsradius der Kurve dreht, Volta wird die Drehung in der senkrechten Ebene bedeuten (aus der von uns eingeführten italienischen Bezeichnung „gran volta", die für das englische Looping gilt), oder besser die Winkelgeschwindigkeit β_0, mit der sich der Krümmungsradius der senkrechten Kurve bewegt.

Natürlich müssen Ω_0 und β_0 allgemein sehr wohl von der Drehung r_0 und q_0 um die Achsen z und y unterschieden werden. Bei geradlinigem, waagerechtem Flug werden sie jedoch, wenn $\varphi_0 = \psi_0 = 0$ ist, zusammenfallen.

Zugleich mit den früher definierten Kräften R_0, D_0, P_0 in bezug auf die Achsen des Luftstromes werden wir die Kräfte L_0, M_0, N_0 in bezug

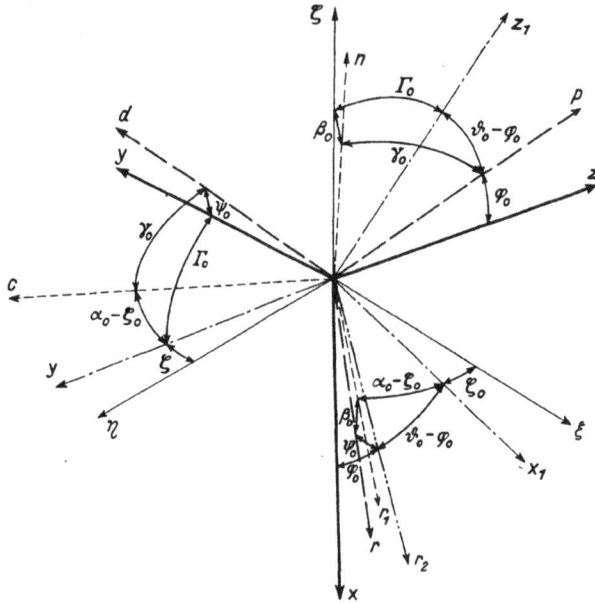

Bild 1.

auf flugzeugfeste Achsen betrachten. Der positive Sinn der Momente wird im Einklang mit dem der positiven Drehungen angenommen werden.

In Bild 1 werden die verschiedenen Achsen als Einheitsvektoren betrachtet, die eine Kugel mit dem Radius Eins schneiden.

Bild 2 stellt die Festlegung der Achsensysteme dar, und zwar einmal von oben gesehen und dann in Flugrichtung gesehen. Die unten stehende Tafel faßt diese Begriffsfestlegungen nochmals zusammen.

7. Tafel der Bezeichnungen

Erdfeste Achsen: $\quad\quad\quad \xi, \eta, \zeta$

Flugzeugfeste Achsen: $\quad x, y, z$

Flugwindachsen: r, d, p
Innere Achsen: r, c, n
Flugwind-Azi-
   mutwinkel α_0: $\gamma\, r_1\, \xi$; $c\, \eta$
Steigwinkel β_0: $\measuredangle\, r_1\, r$; $\xi\, n$
Flugwindquernei-
   gung γ_0: $\measuredangle\, np$; cd
Anstellung φ_0: $\measuredangle\, pz$; $r_2\, x$
Abweichung ψ_0: $\measuredangle\, yd$; $r_2\, r$
Längsneigung ϑ_0: $\measuredangle\, x_1\, x$; $z_1\, z$
Statische Schräg-
   lage Γ_0: $\measuredangle\, z_1\, \zeta$; $y\, y_1$
Richtung oder
   Azimut ξ_0: $\measuredangle\, x_1\, \xi$; $y_1\, n$
     $\vartheta_0 - \varphi_0$: $\measuredangle\, z_1\, p$; $x_1\, n_2$
     $\alpha_0 - \zeta_0$: $\measuredangle\, r_1\, x_1$; $c\, y_1$

8. Instrumente für die Flugzeug-führung

Wir gehen nun zur Erklärung der Flugzeuginstrumente über, die dazu dienen, dem Flugzeug bei gestörter Bewegung die Korrekturen mitzuteilen.

Diese Instrumente beruhen auf verschiedenen physikalischen Grundlagen und können erklärt werden, indem man eben auf die jeweilige physikalische Grundlage zurückkommt,

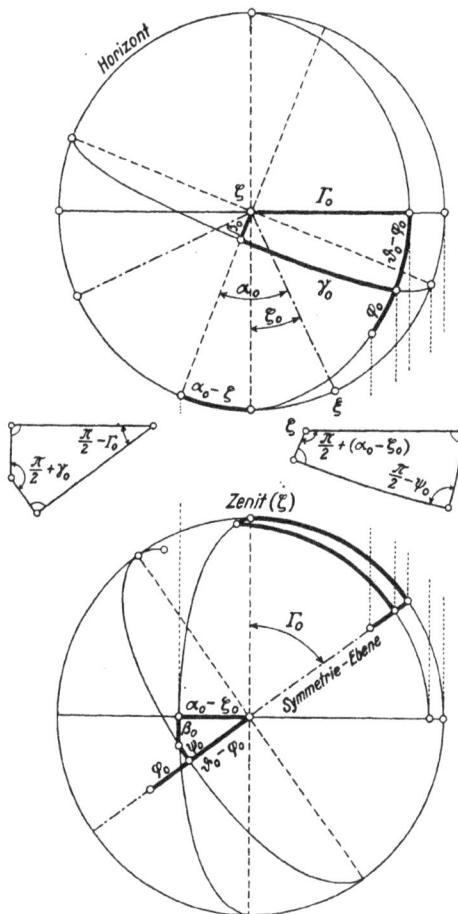

Bild 2.

auf die sich das Instrument aufbaut, und die im allgemeinen entweder mit einer räumlichen Koordinate, einer Geschwindigkeit oder einer Beschleunigung zusammenhängt.

Der früher entwickelte Gedankengang über den Kompaß kann auf jedes einzelne dieser Geräte angewandt werden. Indem man dem Gerät die beste Korrekturwirkung zuschreibt, die es hervorrufen soll, kann man schließlich die Gleichung jedes einzelnen Instrumentes aufstellen.

Diese Gleichung gilt dann als äußerste Grenze dessen, was 'der Servomotor erreichen kann.

Dies wollen wir im folgenden vornehmen, ohne weiter auf die Voraussetzungen einzugehen.

Die Längsstörungen der Flugbahn können durch folgende Instrumente
korrigiert werden (Gruppe B):

1. Das Anemometer gibt die eigene Geschwindigkeit des Flugzeugs
im Verhältnis zur Luft auf Grund einer geometrischen Beziehung an.
Die Gleichung lautet $V_0 =$ konst.[1]).

2. Der Staudruckmesser liefert den aerodynamischen Druck, oder
wie man sagt — die „angezeigte Geschwindigkeit" (Pitot oder Venturi-
Rohr). Die Gleichung lautet: $\delta V_0{}^2 =$ konst., wobei δ die Luftdichte im
Verhältnis zur Flughöhe angibt.

3. Der Drehzahlmesser gibt die Drehzahl der Schraube an. Gleichung:
$n_0 =$ konst. Es gibt noch kein praktisches Instrument, das die „ange-
zeigten Umdrehungen" angibt.

4. Der Höhenmesser beruht auf der Anzeige der senkrechten Koordinate des Schwerpunktes des Flugzeugs. Indem man die barometrische
Lage als konstant annimmt, und den Winkel der Tangente zur Flugbahn
mit dem Horizont β_0 nennt, kann man die Gleichung des Höhenmessers
durch $\beta_0 = 0$ ausdrücken.

5. Das Variometer oder der Steiggeschwindigkeitsmesser beruht auf
der Ableitung der Höhe nach der Zeit, d. h. auf der senkrechten Komponente der Geschwindigkeit. Gleichung: $V_0\beta_0 =$ konst.

6. Der Beschleunigungsmesser beruht auf der Messung der Komponente der Beschleunigung der Bewegung längs der Achse z. Die Gleichung wird in den zur Darstellung der Bewegung gewählten Veränderlichen die Konstanz dieser Komponente ausdrücken.

7. Der Längsneigungsmesser (Pendel, Libelle, Kugel, Flüssigkeit)
beruht auf der Messung der Komponente der gesamten Beschleunigung
längs der Achse x. Er zeigt also nicht nur die Komponente der Beschleunigung der Bewegung, sondern auch die Erdbeschleunigung an.
Die Gleichung wird die Konstanz in Richtung der Projektion der gesamten Beschleunigung auf die Symmetrieebene xz ausdrücken.

---

[1]) Genauer müßte man schreiben: $V = V_0 =$ konst. Da wir aber der Einfachheit
halber die Buchstaben ohne Indices für die Störungen annehmen, werden wir die obige
Formel wie festgelegt annehmen.

8. Der Neigungsmesser oder frei pendelnde Kreisel beruht auf der Kreiselträgheit. Die ideale Gleichung ist $\vartheta_0 =$ konst., die praktische Gleichung wird jedoch komplizierter sein, da die Achse nicht senkrecht zu halten ist und sich bei jeder Störung verändert. Aus 7. und 8. zusammengesetzte Geräte sind in Vorbereitung.

9. Das Anzeigegerät für die Krümmung der Flugbahn in senkrechter Ebene ist ein Instrument, das zwar nicht in der Lage ist, die Krümmung der Flugbahn anzugeben — wie wir sie vorher bestimmt haben — wohl aber die Drehgeschwindigkeit um die Seitenachse y. Es hat einen gefesselten Kreisel wie der Wendezeiger 18. Seine Gleichung kann, wenn die Drehung des Kreisels von anderen Veränderlichen unabhängig ist, durch $q_0 =$ konst. ausgedrückt werden.

10. Der Anstellwinkelmesser beruht auf der Messung der Richtung des Luftstromes an einem zweckmäßig gewählten Punkt des Flugzeugs. Die ideale Gleichung ist $\varphi_0 =$ konst.

Es gibt heute noch kein Meßgerät der Winkelbeschleunigungen.

Die seitlichen Störungen des Flugzeugs können durch folgende Gruppe von Instrumenten beherrscht werden (Gruppe A):

11. Der Abtriftmesser (Deviometro) (Messung der Abweichung) beruht auf der Abweichung der Flugrichtung von der Symmetrieebene des Flugzeugs. Da ψ_0 der Winkel der Flugrichtung mit der Symmetrieebene ist, erhält man die Gleichung $\psi_0 =$ konst.; vgl. 15.

12. Der Querneigungsmesser (Messung der Beschleunigungskomponente in Richtung der Querachse) beruht auf der Messung der Komponente der gesamten Beschleunigung längs der Achse y und zeigt die Erdbeschleunigung und die Beschleunigung der Bewegung an. Die Gleichung wird die Konstanz der Projektion der gesamten Beschleunigung auf die Ebene zy ausdrücken. Wie wir später beweisen werden, stimmt·diese Gleichung mit der des Abtriftmessers, d. h. mit $\psi_0 =$ konst. überein, wobei ψ_0 der Winkel der Abweichung zwischen der Flugrichtung und der Symmetrieebene ist.

13. Der „künstliche Horizont" ist ein Gerät mit frei pendelndem Kreisel (wie 8.), das die Schräglage des Flugzeugs anzeigt. Die ideale Gleichung wird die Konstanz in Richtung der Projektion der Senkrechten auf die Stirnebene zy ausdrücken. Da es sich aber in der Praxis um ein Pendel von großer Trägheit handelt, ist die Gleichung infolge der Präzession komplizierter. Aus 12. und 13. zusammengesetzte Geräte sind in Vorbereitung.

14. Das Anzeigegerät für das Rollen ist ein ähnliches Instrument wie 18. (Wendezeiger) und gibt die Winkelgeschwindigkeit der Drehung um die Achse x wieder. Gleichung $p_0 = $ konst.

Es gibt keine Instrumente, die auf der Winkelbeschleunigung begründet sind.

Zur Regelung der Richtungsstörungen dienen folgende Instrumente (Gruppe C):

15. Der Abtriftmesser (derivometro) (Anzeigegerät der Seitenflosse) gründet sich auf die Seitenbewegung in bezug auf das erdmagnetische Feld. Er ist jedoch noch nicht allgemein im Gebrauch.

16. Der Kompaß ist das klassische Instrument, das, da ζ_0 das Azimut oder der Kurs des Flugzeugs ist, bei geradlinigem, waagerechtem Flug der idealen Gleichung $\zeta_0 = $ konst. entsprechen müßte. In der Praxis ist die Anzeige des Kompasses jedoch komplizierter, da, wie wir später beweisen werden, die magnetische Inklination auf die Nadel wirkt und die Angaben bei Schräglage in der Kurve jede Genauigkeit einbüßen.

17. Der Azimutanzeiger (freier nicht pendelnder Kreisel) entspricht innerhalb der Grenzen der Freiheit bei geradlinigem, horizontalem Flug ziemlich genau der Gleichung $\zeta_0 = $ konst.

18. Der Wendezeiger mit gefesseltem Kreisel gibt die Kurve selbst nicht an, wie wir sie früher definiert haben, wohl aber die Geschwindigkeit der Drehung um die Achse z. Bewegt sich der Kreisel unabhängig von der Umdrehungsgeschwindigkeit irgendwie proportional zu V_0 so ist die Gleichung $V_0 r_0 = $ konst.

9. Die Instrumentegleichungen der gestörten Bewegung

Indem wir von der gleichförmigen Bewegung, die man irgendwie als vorher vorhanden und durch die sechs obenerwähnten Parameter V_0, φ_0, s_0, γ_0, ψ_0, r_0 ausgedrückt annimmt, zur gestörten Bewegung, die durch sechs sehr kleine Störungen u, φ, β, γ, ψ, r ausgedrückt wird, übergehen, nehmen wir an, daß der Flugzeugführer in jedem Augenblick die Ruder betätigt und fortlaufend entsprechend den Gleichungen der für den Instrumenteflug gewählten Geräte handelt.

Er wird so die Störungen selbst korrigieren, indem er sie in einem bestimmten Verhältnis zueinander hält, wodurch sich für jedes Gerät aus den besprochenen Gleichungen die Gleichung für die gestörte Bewegung ergeben wird, die die allgemeine Formel

$$f(v, \varphi, s, \gamma, \psi, r) = 0 \quad \ldots \ldots \ldots \ldots (18)$$

haben wird. In dieser Gleichung kann man die Veränderlichen für jedes Gerät auf eine beschränken.

Diese neuen Gleichungen werden im wesentlichen aus den Veränderlichen der Gleichungen bestehen, die für die dauernde Bewegung aufgestellt wurden. Wir behalten uns vor, sie nach und nach näher zu erklären, je nachdem, wie es unseren Betrachtungen am besten entsprechen wird.

Indem wir hier die grundsätzliche Ausdrucksweise der Instrumentegleichungen beibehalten, werden wir annehmen, daß wir die Zusammensetzung der Fluginstrumente so gewählt haben, daß jedes Instrument einer bestimmten Steuermaßnahme entspricht.

Unter diesen Voraussetzungen werden, da wir bei einem Flugzeug grundsätzlich vier Eingriffsmöglichkeiten in die Steuerung haben — nämlich den Motor, das Querruder, Höhen- und Seitenruder — ebenfalls vier Geräte für den Instrumenteflug nötig sein. Eins davon jedoch, und zwar dasjenige, das sich auf den Motor bezieht, soll nur zeitweise beobachtet werden und wird daher bei der Betrachtung der Stabilität nicht berücksichtigt. Mit anderen Worten, man wird annehmen, daß der Pilot während des Gerätefluges die Gasdrossel in der zum Flug oder zum jeweiligen Manöver nötigen Stellung konstant erhalte und daß er nur die drei Ruder, die die drei Trimmlagen regulieren, handhabe[1]).

Wir brauchen also nur drei Instrumentegleichungen von drei beliebigen, gewählten Instrumenten — je eines für ein Ruder — zu betrachten. Dabei müssen wir jedoch berücksichtigen, daß die Instrumente der in A, B und C erläuterten Gruppen im allgemeinen vom mathematischen Standpunkt nicht miteinander vereinbar sind, da man mit einem Ruder nicht zwei Bedingungen erfüllen kann. Die drei für den Instrumenteflug erforderlichen Instrumente können im übrigen irgendeiner der drei Gruppen angehören.

Aus den obigen Betrachtungen ergibt sich die Aufgabe, die die Instrumentegleichungen beim Studium der Stabilität zu erfüllen haben.

Man nimmt tatsächlich an, daß die Lage des Flugzeugs zu den drei Achsen durch drei beliebige Instrumente reguliert werde, d. h. daß der Pilot durch die Anzeige jedes einzelnen dieser drei Instrumente in ein-

---

[1]) Diese Annahme entspricht — wie später erklärt werden wird — nicht immer der Wirklichkeit. Es gibt Piloten, die auf den Motor einwirken, nicht nur um die Bedingungen des ungestörten Geradeausfluges zu ändern, sondern auch um die Störungen zu korrigieren, was nicht notwendig ist.

deutiger und fortlaufender Weise die sich ergebende Drehbewegung des
Flugzeugs um die Achse — auf die sich die Steuerung bezieht — reguliert. (Für das Höhenruder — Gruppe B — die Achse y, für das Querruder — Gruppe A — die Achse x, für das Seitenruder — Gruppe C —
die Achse z.)

Dadurch bleiben die vom Piloten verursachten Drehbewegungen des
Flugzeugs um seine drei Achsen in jedem Augenblick von den Werten
abhängig, die die entsprechenden Instrumentegleichungen erfüllen. So
verlieren die drei Eulerschen Gleichungen jeden Wert, die bei der Betrachtung der Eigenstabilität die erwähnten, winkelmäßigen Bewegungen
darstellen.

Daraus folgt, daß bei der Betrachtung der Stabilität im Instrumenteflug jede Gleichung von Euler jetzt durch die entsprechende Instrumentegleichung der gestörten Bewegung ersetzt wird.

Dieses Kriterium, das eine fruchtbare Prüfung des Problems erlaubt
— da ja die mathematische Behandlung vereinfacht wird —, war in
unklarer Form schon in unserer Arbeit vom Jahre 1929 enthalten[1]), in
der wir die Eulerschen Gleichungen als mit denen des korrigierten
Kurvenfluges unvereinbar bezeichnen.

Später wurde dieses Kriterium ergänzt und methodisch gestaltet
(siehe Crocco, Die Stabilität im Instrumenteflug, Rendiconti Academia
dei Lincei, August 1932). Es handelt sich in der Tat nicht um eine Unvereinbarkeit der Gleichungen sondern um die Ersetzung der einen
durch eine andere.

Nach diesem Kriterium, das sich aus den obenerwähnten Annahmen
ergibt, wird das Problem der Stabilität beim Instrumenteflug durch
drei Gleichungen erklärt, die sich auf die gestörte Bewegung des Schwerpunktes beziehen und durch zwei Gleichungen, die die gestörte Bewegung
um den Schwerpunkt anzeigen.

10. Grundlegende Begriffe

Da die Ersetzung der Eulerschen Gleichungen durch die Instrumenten-
gleichungen allgemein möglich ist, ohne daß das jeweilige Ruder, auf
das sich die Formel bezieht, berücksichtigt werden muß, ergibt sich,
daß die Behandlung der Stabilität nicht verändert wird, wenn die Anzeige eines bestimmten Gerätes durch ein anderes als das gewählte
Ruder korrigiert wird.

---

[1]) Zitierte Arbeit 1929, Seite 28, Zeile 28.

Während nun die Geräte der Gruppe B an die Höhensteuerung gebunden sind, können die Geräte der Gruppe A und C sowohl mit der Quersteuerung als auch mit der Seitensteuerung in Verbindung gebracht werden.

Daraus ergibt sich, daß die Quer- und Seitensteuerung im Instrumenteflug für beliebig gewählte Geräte vertauscht werden kann, ohne daß dadurch die Stabilität beeinträchtigt wird.

Vom mathematischen Standpunkt aus können wir dadurch das Prinzip der Bestimmung der Ruder, das uns zu diesen Ergebnissen geführt hat, erweitern. Es ist also nicht notwendig, daß die Angaben eines gegebenen Gerätes durch ein bestimmtes oder durch ein einziges Ruder berücksichtigt werden. Es genügt, daß durch diese Angaben — ganz gleichgültig welche Ruder verwendet werden, man kann sie sogar kombinieren — die drei Lagen des Flugzeugs dauernd aneinander gebunden sind, so daß sie nicht mehr von den Eulerschen Gleichungen abhängen. Läßt man dagegen auch nur zeitweise eine dieser drei Lagen sich frei einstellen, so trifft in diesem Falle die entsprechende Gleichung von Euler aus der Abhandlung über die Stabilität zu. Man kann sogar beweisen, daß dies innerhalb gewisser Grenzen möglich ist, und daß somit in manchen Fällen die Stabilität allein durch zwei Geräte gesichert werden kann.

Die Nichtfesthaltung der Ruder ist jedoch in der Praxis des Instrumentefluges gefährlich, da der Pilot die Korrekturen nach keinem synthetischen Kriterium ausführen kann, wie dies im gewöhnlichen Flug möglich ist. Der Instrumenteflug ist seinem Wesen nach analytisch, und daher kann er auch nur nach genauen didaktischen Grundlagen bestimmt und durchgeführt werden.

Dieser Grundsatz ist mit besten Erfolgen in der italienischen Schule seit 1929 befolgt worden (Crocco, Die Sicherheit des Fluges bei Nebel, Rivista Aeronautica, Jahr V, Oktober 1929).

Das Prinzip der Austauschbarkeit, das wir eben für die Quer- und Seitensteuerung angeführt haben, könnte überdies auch auf die Geräte der Gruppe B ausgedehnt werden, wenn man — entgegen unseren Annahmen — über eine dauernde und stufenweise Gaszufuhr zum Motor verfügen könnte (d. h. ein entsprechendes Drehmoment der Luftschraube). Fast alle erwähnten Geräte einschließlich des Drehzahlmessers könnten dann beliebig angewendet werden, um die Höhensteuerung oder die Motorleistung zu korrigieren. Man könnte also irgendeine Gruppe von Geräten wählen und sie einzeln auf die obenerwähnten Steuerorgane anwenden. Um auch den Drehzahlmesser zu analysieren, würde es genügen, die Zahl der Schraubenumdrehungen in den Gleichungen der Bewegung ebenfalls auszudrücken. Man könnte so z. B. gleichzeitig einen Geschwindigkeitsmesser, ein Anemometer oder ein Staurohr und ein Variometer anwenden, indem man auf die Anzeige des ersten durch den Gashebel und auf die des zweiten durch das Höhenruder reagiert oder auch umgekehrt; dasselbe Ergebnis kann erzielt werden, wenn man die Geschwindigkeit durch das Höhenruder und die Steigung durch den Motor regelt (siehe S. 23, Fußnote).

Im praktischen Flug ist es jedoch wegen der außerordentlichen Empfindlichkeit des Gashebels zweckmäßig, diesen Teil der Steuerung ein für allemal nach den Angaben des Drehzahlmessers festzulegen und ihn zeitweise zu korrigieren. Die Steuerung der Längslage während des Instrumentefluges wird so dem Höhenruder anvertraut. Es wird nun unmöglich, gleichzeitig zwei Instrumente der Gruppe B anzuwenden.

Ähnlich sind einige Geräte der Gruppe A oder C miteinander unvereinbar, wenn das eine die Ableitung des anderen anzeigt, wie 13. und 14., 17. und 18. Diese sind nur bei geradlinigem Flug miteinander vereinbar, wie 4. und 5. auch nur im waagerechten Flug miteinander vereinbar sind.

Ein vierter Grundsatz, der sich aus der folgenden analytischen Betrachtung ergeben wird, ist der der Gleichwertigkeit. Einige Geräte führen tatsächlich zu identischen Instrumentegleichungen — entweder auf jeden Fall, wie 11. und 12., oder in besonderen Fällen z. B. bei geradlinigem oder waagerechtem Flug. Es wird also genügen, eine der beiden Gleichungen zu erörtern.

Die vier Grundsätze der Bestimmung, der Austauschbarkeit, der Unvereinbarkeit und der Gleichwertigkeit erlauben es, die Gruppen von Instrumenten zu bestimmen, mit denen der Instrumenteflug ausgeführt werden kann, und die sich ergebende dynamische Stabilität zu betrachten.

Nach einer ersten Überprüfung kann man jedoch einige der genannten Geräte ausschließen wie 3., das, wie wir sahen, für den Motorflug anwendbar ist, 1., das in seiner Anzeige zu langsam ist, um die schnellen Geschwindigkeitsänderungen anzugeben, 6., das praktisch überhaupt nicht verwendbar ist, 15., das noch nicht im allgemeinen Gebrauch steht und 16. wegen der oben angestellten Betrachtungen.

Damit bleiben sieben Geräte der Gruppe B übrig, vier der Gruppe A und zwei der Gruppe C. Das erlaubt arithmetisch 56 Kombinationen. Tatsächlich kann man aber noch 11. ausschließen, da es — wie wir beweisen werden — mit 12. gleichwertig ist. 14. bringt Instabilität in die Steuerung nach Instrumenten und wird ebenfalls ausgeschlossen.

Betrachtet man die verschiedenen Bewegungen, so kann auch 4. ausgeschlossen werden, da es nur den waagerechten Flug sichern kann. Es bleiben also sechs Instrumente für die Gruppe B, vier für die Gruppe A und zwei für die Gruppe C. Letztgenannte liefern nach den obigen Grundsätzen sechs doppelte Kombinationen, so daß sich letzten Endes 36 Möglichkeiten ergeben. Weitere Einschränkungen können nur auf Grund der analytischen Prüfung erfolgen.

II. Teil

11. Gleichförmige, waagerechte, geradlinige Bewegung

Bevor wir Betrachtungen über den spiralförmigen, gleichförmigen Flug anstellen, ist es zweckmäßig, die Theorie auf einen einfacheren Fall anzuwenden: den gleichförmigen, waagerechten, geradlinigen Flug.

In diesem Falle ist es — wie aus der Theorie über die Eigenstabilität bekannt ist (siehe Crocco, Aeronautische Probleme, Aufsatz 14, Über die Seitenstabilität der Flugzeuge) — möglich, die Längssteuerung und die Längsstabilität von der Quersteuerung und der Quer- und Richtungsstabilität zu trennen. Das Problem reduziert sich also auf die getrennte Betrachtung von zwei ebenen Bewegungen.

Die erste dieser Bewegungen erfolgt in einer senkrechten Ebene und wird, wie wir dies bereits bei der Erklärung der Instrumente der Gruppe B erwähnt haben, durch folgende Parameter bestimmt:

Eigene Geschwindigkeit im Verhältnis zur Luft: V_0.

Steigwinkel (Flugrichtung zum Horizont): $\beta_0 = 0$.

Neigungswinkel (Achse x mit dem Horizont): ϑ_0.

Anstellwinkel: $\varphi_0 = \vartheta_0$.

Umdrehungen der Schraube: n_0.

Drehmoment der Luftschraube oder Gaszufuhr: C_0.

Wir nehmen C_0 bestimmt und konstant an. Die sich ergebenden Motorumdrehungen werden nach gebräuchlichen, analytischen Methoden berechnet oder nach dem graphischen, logarythmischen Verfahren, das von uns neuerdings in die Technik des waagerechten, geradlinigen Fluges eingeführt wurde — also über den Anstellwinkel und daher über den Auftriebsbeiwert Cp_0 und die Geschwindigkeit V_0[1]).

Diese Berechnungen in bezug auf die ungestörte Geradeausbewegung interessieren für unser Problem nur insofern, als sie besonders stabile oder unstabile Anstellwinkel definieren, wie wir weiterhin sehen werden· Vorläufig entwickeln wir sie ganz unabhängig und irgendeinem beliebigen Fall entsprechend.

Wir gehen nun zur gestörten Bewegung über. Wie bereits erwähnt, sind u, β, ϑ, φ die Störungen von V_0, β_0, ϑ_0, φ_0. Ihnen entspricht eine Störung n von n_0. Angesichts der Trägheit der Schraube werden wir sie bei der Betrachtung der Eigenstabilität jedoch nicht berücksichtigen. Im Notfalle müßte sie in einer getrennten Gleichung betrachtet werden, was die Untersuchung ohne wesentlichen Vorteil erschweren würde.

Die gestörte Bewegung, mit der wir uns hier befassen, ist veränderlich und sinusförmig. Wir bezeichnen sie trotzdem weiterhin als gleichförmig und geradlinig, um den ungestörten Geradeausflug, von dem sie abgeleitet wird, und den der Instrumenteflug aufrechtzuerhalten sucht, nicht aus dem Auge zu verlieren.

Bezeichnen wir nun mit P_0 und R_0 den Auftrieb und den Widerstand des Flugzeugs, mit mg sein Gewicht und mit T_0 den Schraubenzug, wobei die beiden erstgenannten Funktionen der Geschwindigkeit und des Anstellwinkels sind und T_0 eine Funktion der Geschwindigkeit allein ist, da man annimmt, daß n_0 während der Störung konstant ist. Wenn wir nun auf unsere früheren Arbeiten über die Stabilität des Flugzeugs zurückkommen[2]), können wir wie folgt die inneren Gleichungen der gestörten Schwerpunktsbewegung ausdrücken:

$$\left.\begin{array}{l} m\,u' + m\,g\,\vartheta + R - T = 0 \\ -\,m\,V_0\,\beta' + P + T_0\,\varphi = 0 \end{array}\right\} \quad \cdot\ \cdot\ \cdot\ \cdot\ \cdot\ \cdot \quad (19)$$

wobei u', β' die ersten Ableitungen von u und β nach der Zeit sind; P, R, T geben die Änderungen der Kräfte P_0, R_0, T_0 an, die sich aus den Störungen u der Geschwindigkeit und φ des Anstellwinkels ergeben. Schließlich ist zu bemerken, daß die Auftriebs- und Widerstandskräfte, die sich aus der Drehung um den Schwerpunkt ergeben, nicht berücksichtigt werden[3]).

---

[1]) Crocco, Elemente der Luftfahrt, XI, § 170 usw.

[2]) Crocco, Aeronautische Probleme, Note XI, Seite 161.

[3]) Diese Gleichungen können ohne weiteres aus den allgemeinen Formeln abgeleitet werden, die wir in Teil III näher bestimmen wollen, wobei wir $\beta_0 = \gamma_0 = \psi_0 = r_0 = 0$ setzen.

Wir setzen nun, wenn ϱ die Dichte der Luft und S die Flügelfläche ist,

$$P_0 = C_{p0}\,\varrho\,S\,V^2; \quad R_0 = C_{r0}\,\varrho\,S\,V^2; \quad T_0\,V_0 = \eta \cdot 2\,\pi\,n\,C_0 = C_{t0}\,\varrho\,S\,V^3 \qquad (20)$$

worin C_{p0}, C_{r0}, η, C_{t0} die übliche Bedeutung haben[1]). Man erhält nun aus den experimentellen Kurven des Auftriebes, des Widerstandes und der Schraube unter der Voraussetzung, daß n konstant ist, die Formeln

$$\left.\begin{aligned}
P + T_0\,\varphi &= \frac{P_0}{C_{p0}}\left[\left(\frac{d\,\dot C_p}{d\,\varphi}\right)_0 + C_{t0}\right]\cdot\varphi + \frac{2\,P_0}{V_0}\cdot u \\[2mm]
R - T &= \frac{R_0}{C_{r0}}\left(\frac{d\,C_r}{d\,\varphi}\right)_0\cdot\varphi + \left[\frac{2\,R_0 + T_0}{V_0} - \frac{T_0}{\eta_0}\left(\frac{d\,\eta}{d\,V}\right)_0\right]\cdot u
\end{aligned}\right\} \qquad (21)$$

in denen vier experimentelle Beiwerte auftreten, die wir, nachdem wir sie alle durch die Masse m dividiert haben, K, Z, G, X nennen werden.

Im Fall des waagerechten Fluges, in dem $R_0 = T_0$ ist, kann der letzte durch

$$x = \frac{R_0}{m\,V_0}\left[3 - \frac{V_0}{\eta_0}\left(\frac{d\,\eta}{d\,V}\right)_0\right] = \frac{R_0}{m\,V_0}\,(3 - e_0) \quad \ldots \ldots (22)$$

ausgedrückt werden und enthält im zweiten Ausdruck e_0 den Differentialquotienten des Schraubenwirkungsgrades nach der Geschwindigkeit.

Wäre nun η für V_0 am größten, so würde sich der eingeklammerte Beiwert auf 3 reduzieren, da $e_0 = 0$ wäre (siehe Hartley und Wheatley, Report „NACA" Nr. 442, 1932). Im allgemeinen ist $e_0 > 0$. Bei normalen Flügen beträgt er rd. 0,5, bei langsamen Flügen bis zu 1.

Dividieren wir nun durch die Masse, so können wir Gl. (19) wie folgt ausdrücken:

$$\left.\begin{aligned}
u' + g\,\beta + C\,\varphi + X\,u &= 0 \\
-V_0\,\beta' + K\,\varphi + Z\,u &= 0
\end{aligned}\right\} \quad \ldots \ldots \ldots (23)$$

12. Längsstabilität bei festen Rudern

Betrachtet man nun die freie Bewegung des Flugzeugs mit festen Höhenrudern, während das Seitenruder zur Aufrechterhaltung der ebenen Bewegung in Tätigkeit bleibt, muß man diesen beiden Gleichungen die Eulersche Gleichung der gestörten Bewegung um den Schwerpunkt hinzufügen; in diesem Falle hat die Gleichung, da $q = \vartheta'$ und $p = r = 0$ ist, die Form

$$B\,\vartheta'' + \mathfrak{r}\,\vartheta' + \mathfrak{s}\,\varphi + \mathfrak{t}\,u = 0 \quad \ldots \ldots \ldots (24)$$

---

[1]) Crocco, Elemente der Luftfahrt, § 6, 9, 119, 160.

wobei B das Trägheitsmoment um die Achse y ist, die wir als Haupt-
trägheitsachse annehmen, r der Beiwert des Widerstandsmoments in
bezug auf die Achse y, das sich aus der Winkelgeschwindigkeit ϑ' ergibt;
$\mathfrak{s}$ und t sind zwei Beiwerte — ähnlich denen in Gl. (23) —, die sich auf
die Änderungen des Moments M um die Achse y bei Änderung des Anstellwinkels und der Geschwindigkeit beziehen. Der Beiwert t enthält
auch die Änderungen des Moments, das sich aus dem Schraubenzug
ergibt.

Die Lösung der drei Gleichungen (23) und (24) führt bekanntlich zu
einem allgemeinen Integral der Art

$$\beta = \Sigma\, A\, e^{x\,t} \quad \ldots \ldots \ldots \ldots \quad (25)$$

in der die Exponenten x Wurzeln der Gleichung

$$\begin{vmatrix} g & G-g & x+X \\ -V_0\,x & V_0\,x+K & Z \\ B\,x^2+\mathfrak{r}\,x & \mathfrak{s} & t \end{vmatrix} = 0 \quad \ldots \ldots \quad (26)$$

sind und die eine stabile Bewegung, die also periodisch oder aperiodisch
abgeschwächt ist, darstellt, wenn diese Wurzeln und ihre reellen Teile
negativ sind[1]).

Dies wird nach den bekannten Routhschen Bedingungen untersucht
(Routh, loc. cit. Ediz. 1905, Ch. VI, § 286).

Für die allgemeine Verwendung ist dieses Verfahren jedoch sehr
mühsam und hat zu keinen praktischen Ergebnissen geführt, auch nicht
bei Befolgung der englischen Methode, die in einem Näherungsver-
fahren die Gleichung 4. Grades in das Produkt zweier quadratischer
Gleichungen zerlegt.

Um diese Art des Fluges mit festen Rudern mit dem Instrumenteflug
zu vergleichen, werden wir also einen besonderen Weg einschlagen
müssen.

Wir nehmen vor allem $t = 0$ an. Dies ist zur Vereinfachung des Ver-
fahrens immer möglich, wenn man voraussetzt, daß der Schraubenzug zentrisch angreift, d. h. durch den Schwerpunkt geht. Zur Untersuchung des mathematischen Ausdruckes setzen wir dann $\mathfrak{s} \neq 0$, um
sofort nachher einen Wert $\mathfrak{s} \neq 0$ einzusetzen, der eine stabile Bewegung
erlaubt. Nimmt man nun $\mathfrak{s} = 0$ an, d. h. nimmt man an, daß das Flugzeug vom Standpunkt der sog. statischen Stabilität indifferent ist —

---

[1]) Routh, Advanced Rigid Dynamics, Ch. VI.

wie wir dies auch für das Schiff in Nr. 3 angenommen haben —, so wird
die Gleichung 4. Grades (26) über die dynamische Stabilität die Form

$$x (B x + \mathfrak{r}) [V_0 x^2 + (K + V_0 X) x + K X - G Z + g Z] = 0 \quad . \quad (27)$$

erhalten, und eine Wurzel $x_1 = 0$ liefern, ferner eine reelle negative
Wurzel $B x_2 = - \mathfrak{r}^1$)[1] und zwei andere Wurzeln x_3 und x_4 die aus der
eingeklammerten Gleichung 2. Grades zu ersehen und reell negativ sind,
was wir am Schluß von Nr. 53 bestätigt finden werden, in der die Bedingung (28) verwirklicht wird.

$$K X - G Z + g Z > 0 \quad . \quad . \quad . \quad . \quad . \quad . \quad . \quad (28)$$

Das Vorhandensein der Null-Wurzel führt jedoch zu einer unbestimmten Bewegung, da ja jede Störung der gleichförmigen Bewegung ein
unbestimmtes, konstantes Abklingen einführt. Das indifferente Flugzeug mit festen Rudern kann also nach der Störung den Kurs nicht
sofort wieder geradlinig und waagerecht aufnehmen.

Wir führen nun einen Beiwert der statischen Stabilität $\mathfrak{s} \neq 0$ ein.
Daher fügen wir zum Ausdruck im ersten Glied von Gl. (27) den Ausdruck $\mathfrak{s} (V_0 x^2 + V_0 X_x + G Z)$ hinzu. Die sich ergebende Gleichung
wird, wie groß $\mathfrak{s}$ auch sei, nun gleich Null gesetzt und keine „Null"-
Wurzel mehr haben, sondern statt dessen eine reelle, negative Wurzel,
wenn $\mathfrak{s} > 0$; überdies wird sie, wenn $\mathfrak{s}$ entsprechend klein ist, die Vorzeichen der anderen Wurzeln und der anderen reellen Teile behalten.
Steht jedoch die Bedingung (28) fest, so wird die gestörte Bewegung
mathematisch stabil sein, d. h. jegliche Störung wird nach einiger Zeit
abklingen und das Flugzeug wird augenblicklich bei festen Rudern
den ungestörten Geradeausflug wie vor der Störung wieder aufnehmen.
Die Bedingung (28) kann also als eine grundlegende Stabilitätsbedingung für ein Flugzeug mit nicht übertriebener statischer Stabilität betrachtet werden.

Es wird nun von Nutzen sein, sie näher zu betrachten, da wir sie auch
später in einer Art des Instrumentefluges wiederfinden werden.

Wir suchen daher die äußerste Grenze der dynamischen Stabilität,
d. h. indem wir durch KZ dividieren, betrachten wir

$$\frac{X}{Z} - \frac{G}{K} + \frac{g}{K} = 0.$$

---

[1]) Die hauptsächliche Funktion der Dämpfung $\mathfrak{r}$ in der Stabilität der Flugzeuge
wurde von mir zum erstenmal in der Arbeit über Stabilität der Luftschiffe (Problemi
Aeronautici) besprochen.

Diese Gleichung führt, wenn man durch K, Z, G, X die Werte aus Gl. (21) und Gl. (22) einführt und der Kürze halber wie früher (Crocco, Elementi die Aviazione, Cap. V, § 80, S. 306) $k_p = \dfrac{d\,C_p}{d\,\varphi}$ setzt und $C_t = C_p$ gegenüber k_p vernachlässigt und ferner die Anzeige des ungestörten Geradeausfluges nicht berücksichtigt, zu Gl. (29).

$$\frac{d\,C_r}{d\,C_p} = \frac{(3 - e)\,C_r}{2\,C_p} + \frac{C_p}{k_p} \quad \cdot \quad \cdot \quad \cdot \quad \cdot \quad \cdot \quad \cdot \quad \cdot \quad (29)$$

In dieser neuen Form hat die Stabilitätsbedingung eine ganz bestimmte Bedeutung. Sie ist gekennzeichnet durch die Suche nach jenem ungestörten Geradeausflug, bei dem das erste Glied von Gl. (29) kleiner ist als das zweite. Gl. (29) gibt die obere Grenze an.

In ihr erscheint an Stelle der Beziehung der Ableitungen von C_r und C_p nach φ die Ableitung von C_r nach C_p, d. h. also der Winkelbeiwert der Tangente zur Polare des Flugzeugs, der den im zweiten Glied angegebenen Wert nicht übersteigen darf.

Indem wir uns vorbehalten, später an Hand einer grundsätzlichen Polare des Flugzeugs diesen äußersten Punkt der dynamischen Stabilität bei einem Flug mit festen Rudern zu bestimmen, nachdem wir ihn auch mit ähnlichen Bedingungen bei einigen Typen des Instrumentefluges verglichen haben, stellen wir hier abschließend fest:

Ein Flugzeug mit zentrischem Schraubenzug und nicht übertriebener statischer Stabilität besitzt auch dynamische Eigenstabilität — nämlich bei festen Rudern — und zwar bei allen Arten des Horizontalfluges innerhalb der Höchstgeschwindigkeit und des oben definierten Grenzpunktes.

Wir wollen jedoch den Einfluß des zentrisch angreifend angenommenen Schraubenzuges auch qualitativ betrachten. Greift der Schraubenzug nicht zentrisch an, so ist im allgemeinen $t = 0$, und man wird dem ersten Glied von Gl. (27) außer dem Trinom, das sich in Gl. (26) aus $\mathfrak{z}$ ergibt, auch ein sich aus t ergebendes Binom hinzufügen müssen, nämlich

$$-\,t\,(V_0\,G\,x + g\,K).$$

Dieses Binom ist negativ, wenn t positiv ist d. h., wenn sich aus dem exzentrisch angreifenden Schraubenzug ein Moment der Längskräfte ergibt, das dazu neigt, den Schwanz des Flugzeugs bei zunehmender Geschwindigkeit zu heben. In diesem Falle ist die Lösung der Gleichung $g\,(\mathfrak{z}\,Z - t\,K)$, und sie setzt einen kleinsten Wert von $\mathfrak{z}$ voraus, den man bestimmen und überwinden muß. Ist dagegen t negativ, so kann die Lösung positiv sein, selbst wenn die statische Stabilität gleich Null oder negativ ist. Man kann daraus aber nicht allgemein das Vorhandensein von dynamischer Stabilität ableiten, wenn es nicht möglich ist, auch den Koeffizienten t zu begrenzen. Dann muß man sich mit der allgemeinen Routhschen Bedingung helfen.

Der exzentrisch angreifende Schraubenzug hat also einen nicht zu übersehenden Einfluß auf die Eigenstabilität, besonders wenn ϑ klein ist, weil er in einem bedingten Verhältnis zum statischen Stabilitätsgrad der vom Leitwerk abhängt, steht. Ich habe dies bereits 1909 dargestellt (Crocco, Problemi aeronautici, Note XI, S. 164, Formel $HI - YQ > 0$). Wie aber aus Gl. (22) leicht zu ersehen ist, ist der Wert von t gering und ändert die Ergebnisse der vorigen Untersuchung im wesentlichen nicht.

13. Längsstabilität im Instrumentenflug

Wir wollen nun zu einigen angewandten Beispielen der analytischen Kriterien übergehen, die wir für den waagerechten und geradlinigen Instrumentenflug gefunden haben.

Wir stellen zunächst fest, daß die Einhaltung der Höhe unbedingt den Gebrauch des Höhenmessers 4. und des Variometers 5. verlangt, die mit jedem anderen Gerät unvereinbar sind. Da aber nach unserer Annahme die Gasdrosselung unabhängig und dem Belieben des Piloten anheimgestellt ist, kann man immer annehmen, daß die Höhe im günstigen Sinne aufrechterhalten werden kann, indem der Pilot den Gashebel betätigt. Und man kann annehmen, daß der Flug zwischen den Gashebelkorrekturen ungefähr waagerecht ist.

Unter diesen Voraussetzungen kann die Längsstabilität der Flugzeuge anderen Geräten als 4. und 5. anvertraut werden z. B. 10., 1., 8. Dieser Versuch ist insofern interessant, als er zu den einfachsten Bedingungen der Stabilität im Fluge führt.

14. Gebrauch des Anstellwinkelmessers

Wir wählen nun z. B. das Gerät 10., den Anstellwinkelmesser, und nehmen an, daß er mechanisch einwandfrei arbeite. Ferner setzen wir voraus, daß alle unter Abschnitt 5 entwickelten Kriterien über die Steuerung des Schiffes auch für die Führung des Flugzeugs mit Hilfe dieses Instrumentes anwendbar sind, so daß der Pilot, indem er sich nach dessen Anzeige richtet und denkend auf das Höhensteuer einwirkt, dauernd mit großer Annäherung die Konstanz eines bestimmten Wertes, nämlich des Anstellwinkels φ_0, erreichen kann. Dieser Wert entspricht dem waagerechten, geradlinigen, gleichförmigen Flug vor der Störung.

Infolge dieser Annahme ergibt sich

$$\varphi = 0 \qquad \ldots \qquad (30)$$

d. h. es erfolgt keine Störung des Anstellwinkels, was einem der beiden grundlegenden Parameter des Auftriebes und des Widerstandes des Flugzeugs entspricht.

Nach dem oben entwickelten Kriterium ersetzt nun Gl. (30) die Gl. (24), d. h. die Gleichung der Bewegung um den Schwerpunkt, die nicht mehr frei ist, da sie vom Piloten im Sinne der Gl. (30) beeinflußt wird.

Die Bewegung des Schwerpunktes wird also nur noch durch Gl. (23) geregelt, in die man Gl. (30) einführt und so Gl. (31) erhält.

$$\left.\begin{array}{l} u' + g\,\beta + Xu = 0 \\ - V_0\,\beta' + Zu = 0 \end{array}\right\} \qquad \ldots \ldots \qquad (31)$$

Daraus ergibt sich wieder

$$\beta = A_1 e^{x_1 t} + A_2 e^{x_2 t} \qquad \ldots \ldots \qquad (32)$$

in der x_1, x_2 Wurzeln von

$$V_0\,x^2 + V_0\,X\,x + gZ = 0 \qquad \ldots \ldots \qquad (33)$$

sind, die gleichzeitig fast immer komplex mit negativem, reellem Teil sind, d. h. eine gedämpfte periodische Schwingung herbeiführen. Die Bewegung ist also bei allen möglichen Arten des waagerechten Fluges sinusförmig und um die Mittellinie äußerst stabil.

15. Gebrauch des Anemometers

Praktisch ist es wesentlich schwieriger, den anderen Parameter V_0 des Auftriebes und der Längskräfte konstant zu halten. Wie gesagt ist das Instrument 1. in der Regel ziemlich träge. Nimmt man aber diese Trägheit als gering an, und kann der Pilot V_0 dauernd konstant halten, so ist:

$$u = 0 \qquad \ldots \ldots \qquad (34)$$

Nach demselben Verfahren wie im vorhergehenden Abschnitt erhält man dann für die Bewegung des Schwerpunktes, da ja $u' = 0$ ist:

$$g\,\beta + G\,\varphi = 0 \atop -V_0\,\beta' + K\,\varphi = 0 \Bigg\} \quad . \ . \ . \ . \ . \ . \ . \ . \ . \quad (35)$$

und daraus wieder

$$\beta = A\,e^{x\,t} \quad . \ . \ . \ . \ . \ . \ . \ . \ . \ . \ . \quad (36)$$

mit x als Wurzel der Gleichung

$$V_0\,G\,x + g\,K = 0 \quad . \ . \ . \ . \ . \ . \ . \ . \ . \quad (37)$$

das fast immer reell negativ ist.

Die Bewegung ist nicht mehr periodisch, sondern asymptotisch gedämpft und jede Störung β, ϑ, φ erlischt schnell ohne Schwingungen.

Da x bei $C_t = C_r$ und $\dfrac{d\,C_r}{d\,\varphi} = k_r$ durch

$$x = -\,\frac{q}{V_0}\left(\frac{d\,C_p}{d\,Cr} + \frac{C_r}{k_r}\right) \quad . \ . \ . \ . \ . \ . \ . \quad (38)$$

ausgedrückt wird, wird es gleich Null, wenn das absolute Auftriebsmaximum erreicht ist, bei dem $d\,C_p/d\,C_r = 0$ ist, also wenn der kritische Anstellwinkel erreicht wird.

In diesem Fall gibt es also einen Grenzwert in der Polare des Flugzeugs sofort nach dem Eintreten der Geringstgeschwindigkeit, der besonders kritisch und gefährlich ist.

16. Gebrauch des Längsneigungsmessers

Wir nehmen nun an, daß das Höhenruder nach Anzeige des Gerätes 8. bedient wird. Der Längsneigungsmesser 8. ist ein Instrument mit freiem Kreisel und steht daher unter dem Einfluß einer komplexen Bewegung, die schwer zu bestimmen ist, und von der wir absehen wollen.

Im Idealfall (und nach Vervollkommnung dieser Geräte wird es vielleicht praktisch durchführbar sein), ist es möglich, die Längsneigung ϑ_0 konstant zu halten d. h. anzunehmen, daß

$$\vartheta = 0 \quad . \ . \ . \ . \ . \ . \ . \ . \ . \ . \ . \quad (39)$$

ist. Die beiden Gleichungen der Schwerpunktbewegung können, da $\beta = \vartheta - \varphi$ ist, wie folgt ausgedrückt werden:

$$u' - (G-g)\,\beta + X\,u = 0 \atop -V_0\,\beta' - K\,\beta + Z\,u = 0 \Bigg\} \quad . \ . \ . \ . \ . \ . \quad (40)$$

Dies führt zu einer Lösung ähnlich wie bei Gl. (32), wobei x_1 und x_2 Wurzeln aus

$$V_0\,x^2 + (K + V_0\,X)\,x + K\,X - G\,Z + g\,Z = 0 \quad . \ . \ . \ . \quad (41)$$

sind d. h. derselben Gleichung, die in Gl. (27) als dritter Faktor auftritt.

Der Flug ist also für alle jene Bereiche stabil, für die $KX - GZ + gZ > 0$ ist d. h. für alle Flugbereiche innerhalb der schon in Absatz 12 bestimmten Grenzen für die Eigenstabilität des Fluges mit festen Rudern. Der Grenzpunkt auf der Polare wird also derselbe sein wie in Gl. (29).

Diese Betrachtung ist darum von Wichtigkeit, weil sie den freien Flug dem Instrumenteflug bei konstanter Neigung näher bringt. Ein wesentlicher Unterschied liegt jedoch darin, daß die Eigenstabilität beim freien Flug an andere Bedingungen gebunden ist als hier, wo sie von jeder beliebigen Einschränkung unabhängig ist; wie groß $\mathfrak{s}$ und $\mathfrak{t}$ auch sein mögen, sie bleibt von der Bedingung (29) allein abhängig.

17. Gebrauch des Variometers

Wir beschäftigen uns jetzt in dieser besonderen Betrachtung des waagerechten Fluges mit einem der Geräte 4. oder 5., die es erlauben, den waagerechten Flug tatsächlich auszuführen. Wir wählen 5. abgeleitet aus 4., was der Gerätegleichung $V_0\beta_0 =$ konst. entspricht. Im besonderen Falle, in dem $\beta_0 = 0$ ist, führt diese Gleichung über das Höhenruder zur Gleichung

$$\beta = 0 \quad \ldots \ldots \ldots \ldots \quad (42)$$

die zusammen mit ihrer Ableitung $\beta' = 0$ in die Gleichungen der Bewegung einzuführen ist.

Wir erhalten nun

$$\left.\begin{array}{r} u' + G\varphi + Xu = 0 \\ K\varphi + Zu = 0 \end{array}\right\} \quad \ldots \ldots \ldots \quad (43)$$

und daraus ergibt sich eine Lösung nach Art der Gl. (42) mit der x-Wurzel aus

$$Kx + KX - GZ = 0 \quad \ldots \ldots \ldots \quad (44)$$

also reell und negativ, wenn $KX - GZ > 0$ ist.

Es besteht also ein Grenzbereich, den man findet, indem man das vorherige Binom gleich Null setzt, aus dem man ($C_r = C_r$ nicht berücksichtigend)

$$\frac{dC_r}{dC_p} = \frac{(3 - e)C_p}{2C_p} \quad \ldots \ldots \ldots \quad (45)$$

erhält. Gl. (45) ist ähnlich der Gl. (29), aber genauer, da im zweiten Glied ein positiver Ausdruck fehlt.

Wie wir später sehen werden, hat Gl. (45) eine besondere Bedeutung, da sie den Bereich der geringsten effektiven Kraft definiert.

18. Gebrauch des Neigungsmessers

Schließlich betrachten wir das Gerät 7., den Neigungsmesser oder Inklinometer, der erlaubt, die tangentiale Beschleunigung der gestörten Bewegung gleich Null zu halten. Bei kleinen Werten von ϑ entspricht dies im geradlinigen Horizontalflug der Instrumentegleichung

$$u' + g\,\vartheta = 0 \quad \ldots \ldots \ldots \ldots \ldots (46)$$

Für $\vartheta = \beta + \varphi$ erhält man daraus die beiden Gleichungen

$$X\,u - (g - G)\,\varphi = 0$$
$$V_0\,u'' + g\,Z\,u + g\,V_0\,\varphi' + g\,K\,\varphi = 0,$$

die zur Lösung nach Art der Gl. (32) führen, mit x als Wurzel aus

$$V_0\,G_1\,x^2 + g\,V_0\,X\,x + g\,(K\,X + G_1\,Z) = 0 \quad \ldots \ldots (47)$$

in der wir $G_1 = g - G$ gesetzt haben und die eine Grenzbedingung der Stabilität wie Gl. (29) liefert, wenn G_1 im ersten Ausdruck positiv ist d. h., wenn

$$C_{p0} > \left(\frac{d\,C_r}{d\,\varphi}\right)_0 = k_{r0}$$

ist, was immer der Fall ist, wenn das Flugzeug gute Rumpfflügelübergänge und eine gute Flügelform hat.

19. Grenzen der Längsstabilität

Als Abschluß dieses ersten Beispieles der Analyse des Instrumentefluges ergibt sich das Vorhandensein besonderer Bereiche, die die Längsstabilität im waagerechten, geradlinigen Flug begrenzen:
für den Höhenmesser: der Bereich der geringsten effektiven Kraft,
für den Trimm- und Längsneigungsmesser: der Grenzbereich des freien Fluges mit festen Rudern, für den Geschwindigkeitsmesser: der Bereich des höchsten Auftriebes, für den Anstellmesser: keine Grenze.

Es wird interessant sein, als zweites Beispiel die Seitenstabilität — ebenfalls für den waagerechten, geradlinigen und gleichförmigen Flug — zu entwickeln.

20. Betrachtungen über die Seitenstabilität

Der Fall der Eigenstabilität um die Längsachse bei waagerechtem, geradlinigem und gleichförmigen Flug ist von uns bereits im Jahre 1912 weitgehend untersucht worden (siehe Crocco, Problemi aeronautici, 1932, Note 14, La stabilità laterale negli aeroplani). Wir verweisen unsere Leser auf diese Abhandlung, die trotz der Fortschritte in der Luftfahrt und der vollständigeren Abhandlungen von Bairstow, Nayler und Jones von 1914 heute noch wertvoll ist (British Advisory Comm. for Aer.-Rep. n. 154, Oktober 1914).

Hier werden wir beim Zurückgreifen auf die vereinfachten Gleichungen nur kurz an die seinerzeitigen Annahmen erinnern, um diese mit den neuen aerodynamischen Erkenntnissen zu vergleichen.

Wenn man zunächst annimmt, daß die Längsstabilität unabhängig gewährleistet ist, wird man die gestörte Flugbahn in der Horizontalebene mit konstanter Geschwindigkeit betrachten. Daher wird dauernd $\varphi = u = 0$ sein; es wird ferner $\gamma_0 = \Gamma_0 = 0$, $r_0 = 0$, $\psi_0 = 0$, $\gamma = \Gamma$ sein, und weil γ und ψ sehr klein sind, wird auch $q = 0$ sein. Die Kurve der Schwerpunktbahn, die die Störung darstellen wird, wird also durch die waagerechten Komponenten des Auftriebes und der Schiebekraft gebildet sein, da wir ja die seitlichen aerodynamischen Kräfte, die sich aus den Drehungen p und r ergeben und in unserem früheren Aufsatz durch die Koeffizienten F und E gekennzeichnet waren, nicht berücksichtigen. Das Zeichen E wird einen anderen Koeffizienten darstellen.

Wegen der kleinen Winkel und wegen der anfänglich übereinstimmenden Achsen wird die Drehung p mit der ersten Ableitung des Winkels γ übereinstimmen.

Nach diesen Voraussetzungen erinnern wir an die innere Gleichung der gestörten Bewegung des Schwerpunktes in der Horizontalebene bei anfänglich geradliniger und gleichförmiger Bewegung.

Aus dem Winkel γ wird sich eine Zentripetalbeschleunigung ergeben, die wir mit $g\gamma$ bezeichnen werden, da wir den Winkel γ sehr klein annehmen, der hier nur eine Störung bedeutet. Aus dem Winkel ψ, der eine seitliche Schräglage zur Folge hat, wird sich eine Beschleunigung der seitlichen Abtrifft ergeben, die die seitliche Komponente des Schraubenzuges enthält und die — immer wegen der kleinen Winkel — zu ψ proportional ist. Wenn man nun die Winkelgeschwindigkeit mit der sich der Geschwindigkeitsvektor dreht, mit Ω bezeichnet, so wird $V_0\Omega$

die entsprechende Zentrifugalbeschleunigung sein, in der man für Ω die Summe der Winkelgeschwindigkeit r der Drehung der Achse x und der Ableitung ψ' der seitlichen Abtrift der Flugrichtung von dieser Achse einsetzen kann.

Setzt man nun die Massenkräfte den aerodynamischen Kräften gleich, so kann man schreiben:

$$V_0\,(\psi' + r) + E\,\psi - g\,\gamma = g_0 - E\,\varphi = 0 \quad \ldots \ldots \quad (48)$$

In Gl. (48) ist E der Koeffizient der Schiebekraft, dividiert durch die Masse des Flugzeuges. Gl. (48) entspricht der ersten Formel der Gl. (11 a) in § 13 der erwähnten Abhandlung, wenn wir darin die Ausdrücke γ' und r weglassen, die ja als nicht unbedingt wesentlich angenommen werden. Der Winkel σ wird „Hängewinkel" genannt und entspricht der Anzeige eines Pendels in bezug auf die Symmetrieebene (die obige Gleichung erhält man aus der entsprechenden allgemeinen Gleichung, wenn man $\beta_0 = \gamma_0 = 0$ und $u = 0$ setzt).

Fügt man nun zu diesen beiden Gleichungen die beiden Gleichungen von Euler über die gestörte Winkelbewegung um die beiden Achsen x und z hinzu — in denen man infolge der Annahme über die Unabhängigkeit der Längsstabilität $q = 0$ setzt —, so erhält man im allgemeinen

$$\left.\begin{array}{l} H\,\psi + I\,r + \gamma'' + R\,\gamma' = 0 \\ -Q\,\psi + r' + S\,r + J\,\gamma' = 0 \end{array}\right\} \quad \ldots \ldots \ldots \quad (49)$$

Die Gleichungen geben symbolisch die 2. und 3. Formel der Gleichung (11 a) des genannten § mit Ausnahme des Zeichens Q wieder, das hier positiv angenommen wird, wenn es stabilisierend wirkt. Gl. (48) und Gl. (49) bilden die Gleichungen der gestörten Bewegung in der Untersuchung der Eigenstabilität um die Längsachse bei festen Rudern.

In Gl. (49) sind H und Q die Faktoren der stabilisierenden Elemente in bezug auf Rollen und Gieren (Q ist der Faktor der statischen Richtungsstabilität, die in Abschnitt 3 erwähnt wurde); R und S sind die entsprechenden Faktoren der Widerstands- oder Dämpfungsmomente; I und J sind die Faktoren der störenden Momente, die untereinander die beiden Drehungen p und q verbinden. Alle diese Faktoren schließen die Trägheitsfaktoren mit ein.

Erinnern wir daran, daß wir zum Unterschied von den Engländern und Amerikanern die Widerstands- und Stabilitätsfaktoren positiv und die störenden und beschleunigenden Faktoren negativ angenommen haben, daß ferner unser Achsensystem positiv in Richtung des Auf-

triebes, des Widerstandes und des linken Flügels ist. Heute könnten
wir dies ändern und uns der Mehrheit anschließen. Aber wir ziehen
es aus geschichtlichen Gründen vor, eine zweckmäßige Übereinstimmung mit unseren früheren Forschungen aufrechtzuerhalten.

Für eine genauere Bestimmung der Faktoren H, Q, R, S, I, J ver-
wiesen wir den Leser auf das genannte Werk, in dem — wie wir glauben
zum erstenmal — deren Bedeutung, ihr aerodynamischer Ursprung,
die ungefähre zahlenmäßige Berechnung und das versuchsmäßige Er-
mittlungsverfahren angegeben wurden.

Die moderne Aerodynamik hat die damaligen Erkenntnisse nicht
wesentlich geändert. Sie hat jedoch über einige Faktoren größere Klar-
heit gebracht, besonders über die großen Anstellwinkel. So ist heute die
gefährliche Eigenschaft des Faktors R bekannt, der gleich Null wird
und sein Vorzeichen verändert, sobald der kritische Anstellwinkel überschritten ist. Dies führt zum Trudeln, da die Eigenstabilität vollkommen
zerstört wird. So hat die Erkenntnis der aerodynamischen Induktion
die unveränderlichen theoretischen Beziehungen bestätigt, die wir zwischen
gewissen Koeffizienten schon angedeutet hatten, z. B. zwischen R und
J, die hauptsächlich der Ausbildung der Flügel zu verdanken sind, auf
die man das Kriterium von Munk über die Querruder anwenden kann
(Munk, Fluid dyn. for aircr. eng. 1929, § 41), oder die Beziehungen
zwischen den Faktoren S und I in bezug auf den Anteil, der durch die
Flügel hervorgerufen wird (siehe Pistolesi, Aerodynamica 1932, S. 269).
Aus unserer genannten Schrift ersieht man die Beziehung von Munk
aus den Darstellungen von R und J im Rahmen von Seite 222 Ediz.
Stock, Problemi Aeronautici. Dies entspricht der Funktion μ).

Man hat dann gesehen, wie das Vorzeichen einiger Faktoren mit dem
Steigen des Anstellwinkels bemerkenswerte Änderungen erfährt, besonders wenn sie sich, wie dies in den Gleichungen von Euler der Fall
ist, auf das bewegliche Achsensystem des Flugzeugs beziehen, statt
auf das Achsensystem, das sich auf die relative Anströmrichtung bezieht. Die von den Engländern gefundene vektorielle Darstellung hat
für das Problem keine neuen Gesichtspunkte ergeben.

Wir werden uns übrigens der Gl. (49) nur bedienen, um auf die Eigenstabilität um die Längsachse beim Flug mit festen Rudern hinzuweisen
und werden sie dann durch zwei Instrumentegleichungen ersetzen. Wir
glauben daher nicht, daß sie der gegebene Ausgangspunkt für eine Erweiterung der Kenntnisse über die genannten Faktoren ist.

21. Seitenstabilität bei festen Rudern

Um die Eigenstabilität um die Längsachse nachzuweisen, die in der erwähnten Abhandlung weitgehend besprochen wurde, wählen wir hier dasselbe Verfahren wie vorhin für die Eigenstabilität um die Querachse.

Wir nehmen daher anfangs die beiden stabilisierenden Faktoren H und Q gleich Null an.

Die drei Gl. (48) und (49) führen dann zur Lösung

$$\gamma = \Sigma \, A \, c^{y\,t}$$

mit y als Wurzel aus

$$y\,(V_0\,y + E)\,[y^2 + (R + S)\,y + R\,S - I\,J] = 0 \quad \ldots \quad (50)$$

Diese hat eine Wurzel, die gleich Null ist, was eine Unbestimmtheit bedeutet, eine negative Wurzel $V_0\,y = -\,E$, weil E positiv ist und zwei andere Wurzeln mit reellem negativem Teil, wenn man die Bedingung $R\,S - I\,J > 0$ beachtet, was, wie wir später beweisen werden, vor dem kritischen Anstellwinkel immer möglich ist.

Wenn wir nun auf die stabilisierenden Faktoren zurückkommen, müssen wir zum ersten Glied von Gl. (50) zwei Polynome hinzufügen, $H\,[(g + V_0\,J)\,y + g\,S]$ und $Q\,(V_0\,y^2 + V_0\,R\,y + g\,I)$, die die Größenordnung der Wurzeln nicht ändern werden, solange H und Q klein genug sind. Hält man ferner die Bedingung $H\,S + Q\,I > 0$ ein, was immer möglich ist, so wird die veränderte Gl. (50) auch an Stelle der Null-Wurzel eine reelle positive Wurzel haben.

So wird die gestörte Bewegung stabil sein, d. h. die drei Störungen ψ, r, γ werden in kurzer Zeit abklingen, sobald das störende Moment nicht mehr vorhanden ist.

Eine gute Seitenstabilität ist jedoch infolge der ungenauen Kenntnis der obenerwähnten Faktoren schwer im voraus zu berechnen, und ihr Gelingen hat bisher das Berufsgeheimnis einiger Konstrukteure gebildet.

22. Instrumente-Seitenstabilität bei Gebrauch von zwei Instrumenten.

Wir führen an Stelle von Gl. (49) zwei Instrumentegleichungen ein.

Wir nehmen an, wir verfügen über Instrumente, die dem Piloten die Störungen ψ, r, γ anzeigen, d. h. also über einen Abtriftmesser 11., einen elektrischen Wendezeiger 18. und einen künstlichen Horizont 13. Dabei wollen wir von der Unvollkommenheit des letztgenannten Instrumentes — das übrigens verbessert werden kann — absehen.

Richtet sich der Pilot nun nach der Anzeige zweier dieser Geräte, so kann er Seiten- und Querruder evtl. so steuern, daß er im Durchschnitt und mit guter Annäherung

$$\psi = r = 0; \qquad \psi = \gamma = 0; \qquad r = \gamma = 0 \ \ . \ . \ . \ . \ (51)$$

erhält.

Setzt man diese Werte in Gl. (48) ein, so ergibt sie im ersten Falle $\gamma = 0$, im zweiten Falle $r = 0$ und im dritten $V_0 \psi' + E \psi = 0$ und daher sehr bald $\psi = 0$

Damit die Ruder aber wirksam sind — was konstruktiv immer möglich ist, solange der Anstellwinkel nicht über dem kritischen Wert liegt — sichert eine beliebige Gruppe der drei Instrumentegruppen die Seitenstabilität im waagerechten, geradlinigen, gleichförmigen Instrumenteflug.

Da ferner die beiden Gl. (49) durch Instrumentegleichungen ersetzt werden, ist es belanglos, welche von den Gleichungen ersetzt wird und wodurch, da ja das Ergebnis dasselbe ist. Hierdurch wird der Grundsatz der Austauschbarkeit (siehe Nr. 10) bestätigt.

Ein noch interessanteres Beispiel, in dem das Austauschbarkeitsprinzip nicht mehr festzustellen ist, erhält man, indem man die Seitenstabilität im Geräteflug bei Benutzung eines einzigen Instrumentes betrachtet.

Natürlich wird dieses Gerät nur Angaben für die Regelung eines der beiden Ruder liefern, sei es für das Seitenruder, sei es für die Quersteuerung, während das andere Ruder als fest angenommen wird.

23. Gegenseitige Abhängigkeit der Steuerorgane bei Seitenbewegung

Dieses Beispiel setzt eine Bedingung voraus, die sehr selten ist, nämlich die Unabhängigkeit der beiden Ruder. Während man aber diese Unabhängigkeit leicht für das Seitenruder erreichen kann, indem man zweckmäßig über dessen Flosse und den Abstand derselben vom Schwerpunkt verfügt, ist dies für das Querruder nicht möglich, denn dieses ruft gemeinsam mit dem Rollmoment L — das notwendig ist, um eine Drehung p hervorzurufen —, ein Giermoment N hervor, das gleichzeitig eine Drehung r verursacht.

Munk hat bewiesen[1]), daß, infolge einer anfänglich elliptischen Verteilung des Auftriebes ein konstantes Verhältnis $-k$ zwischen N und L besteht, das dem absoluten Wert nach ungefähr gleich dem Quotienten des Einheitsauftriebes C_{p0} zur Flügelstreckung λ ist. Wenigstens in der

---

[1]) Munk — genanntes Werk, S. 624, siehe auch Pistolesi, Aerodinamica, Seite 269.

Theorie ist dieses Verhältnis also unabhängig von jeder konstruktiven Besonderheit.

Daraus ergibt sich, daß die Korrektur eines Rollmomentes anfänglich ein Gieren verursacht, das um so größer ist, je größer die Anstellung im Fluge ist.

Auf die vorhergehende Betrachtung zurückkommend werden wir nun z. B. annehmen, daß die Ruder durch die konstruktive und automatische Einführung eines Seitenruders voneinander unabhängig sind, das das durch das Querruder hervorgerufene Giermoment korrigiert. Unter dieser Voraussetzung betrachten wir nun die sechs mit einem einzigen Instrument möglichen Fälle des Fluges, d. h. wir betrachten die Seitenstabilität, die auf Grund der Anzeige von Instrumenten wie folgt erzielt wird:

24. Alleinige Verwendung des Abtriftmessers

Wir verwenden zunächst den Abtriftmesser. Wir haben in Gl. (53) $\psi = \psi' = 0$ und daher

$$V_0 r - g\gamma = 0.$$

Wählen wir das Querruder so, daß es der Anzeige des Abtriftmessers folgt, so bleibt nur der zweite Teil von Gl. (49) geltend (feste Ruder), der gleich

$$r' + Sr + J\gamma' = 0$$

wird, und man erhält die lineare Gleichung

$$(g + V_0 J)\, y + gS = 0,$$

die einer unstabilen Bewegung entspricht, wenn $g + V_0 J < 0$ ist.

Wählen wir dagegen das Seitenruder als Steuer, so müssen wir den zweiten Teil der Gl. (49) weglassen, während der erste Teil gleich

$$Ir + \gamma'' + R\gamma' = 0$$

wird. Und die sich ergebende Gleichung

$$y^2 + Ry + \frac{gI}{V_0} = 0$$

zeigt Unstabilität, da $I < 0$ ist.

Der Abtriftmesser allein kann also nur selten zu einem sicheren Instrumenteflug führen und man muß ein anderes Gerät hinzuziehen.

25. Alleinige Verwendung des künstlichen Horizontes

Wir verwenden nun den künstlichen Horizont, d. h. wir setzen $\gamma = \gamma' = \gamma'' = 0$ in Gl. (48) ein und erhalten so:

$$V_0 \psi' + E \psi + V_0 r = 0.$$

Wird dies mit Hilfe des Querruders erreicht, so ergibt sich

$$V_0 y^2 + (E + V_0 S)\, y + E S + V_0 Q = 0.$$

Diese Formel hat einen real negativen Teil, wenn $E S + V_0 Q > 0$ und insbesondere, wenn $Q > 0$, d. h. wenn statische Richtungsstabilität besteht.

Kommt man mit Hilfe des Seitenruders zu diesem Ergebnis, so ergibt sich die lineare Gleichung

$$y + \frac{E}{V_0} - \frac{H}{I} > 0,$$

die eine einzige reelle negative Wurzel liefert, wenn der bekannte Ausdruck positiv ist und besonders bei $I < 0$, wenn H positiv ist, d. h. also bei statischer Richtungsstabilität im Rollen. Aber auch bei $H = 0$ erhält man eine äußerst stabile Bewegung. Der künstliche Horizont führt daher im allgemeinen, auch ohne Verwendung anderer Instrumente, zu einem stabilen Instrumenteflug.

26. Alleinige Verwendung des Wendezeigers

Schließlich benutzen wir den Wendezeiger, der $r' = r = 0$ ergibt. In diesem Falle erhalten wir aus Gl. (48)

$$V_0 \psi' + E \psi - g \gamma = 0.$$

Erfolgt die Steuerung durch das Querruder, so wird der zweite Teil von Gl. (49)

$$-Q \psi + J \gamma' = 0$$

lauten, und das Endergebnis:

$$V_0 y^2 + E y - \frac{g Q}{J} = 0.$$

Diese Gleichung liefert Wurzeln mit reell positivem Teil, wenn $Q > 0$ (da $J > 0$), d. h. bei statischer Richtungsstabilität.

Wesentlich komplizierter, aber auch aufschlußreicher wird der Fall, wenn die Steuerung durch das Seitenruder erfolgt. Dann ergibt der erste Teil von Gl. (49)

$$E \psi + \gamma'' + R \gamma' = 0$$

und man erhält

$$V_0 y^3 + (E + V_0 R) y^2 + E R y + g H = 0,$$

wobei $H > 0$ sein muß, wenn man reell negative Wurzeln oder Wurzeln mit reell negativen Teilen erhalten will. Diese hat man bei statischer Rollstabilität und unter der Bedingung von Routh, die den Wert von H beschränkt:

$$E R (E + V_0 R) - g V_0 H > 0.$$

Der eben besprochene Fall entspricht dem, den wir in einer unserer Arbeiten einfach mit „Rollen in einfacher Verbindung mit der Abtrift" bezeichnet haben, und der besonders im Abschnitt 15 behandelt wurde[1]). Hier ist der Fall durch Weglassung des Faktors F vereinfacht.

Der Wendezeiger kann also im geradlinigen, waagerechten, gleichförmigen Blindflug allein nicht verwendet werden, sondern nur in Verbindung mit der Quersteuerung.

27. Gebrauch des Querneigungsmessers

Schließlich bemerken wir noch, daß, wenn man an Stelle des Abtriftmessers den Querneigungsmesser betrachtet, man zu einem ähnlichen Ergebnis kommen wird, da, wie vorhin angedeutet, die Instrumentegleichung dieses Instrumentes sich mit der des Abtriftmessers deckt.

Wenn Ω und γ die Störungen von Ω_0 und γ_0 sind — diese sind im betrachteten Fall der gleichförmigen, geradlinigen Horizontalbewegung anfangs gleich Null —, so wird bei $V_0 = $ konst. die Gleichung des Querneigungsmessers bei gestörter Bewegung lauten:

$$\Omega V_0 - g \gamma = 0 \quad \dots \dots \dots \dots (52)$$

und da $\Omega = \psi' + r$ ist,

$$V_0 (\psi' + r) - g \gamma = g \sigma = 0 \quad \dots \dots \dots (53)$$

die, in Gl. (48) ($g \sigma = E \psi$) eingeführt, $\psi = 0$ ergibt.

In unserem Falle und unter der Voraussetzung, daß die durch die Steuerung hervorgerufenen seitlichen Kräfte gleich Null sind, kann man die mathematische Gleichwertigkeit zwischen dem Wendezeiger und dem Querneigungsmesser ableiten. Wir werden diese Gleichwertigkeit auch im allgemeinen Falle darstellen.

Verwendet man dann den Querneigungsmesser gleichzeitig mit dem Wendezeiger, so kommt man zum ersten Fall der Gl. (51) zurück, in

[1]) »Problemi aeronautici«, 1932, Seite 233—34

dem sich $\gamma = 0$ ergibt, was man auch mit Hilfe des künstlichen Horizontes erhalten würde. Verwendet man den Querneigungsmesser allein, so ergibt sich Unstabilität.

28. Zusammenfassung über die Seitenstabilität

Aus den eben dargestellten Beispielen über die Seitenstabilität im geradlinigen, gleichförmigen und waagerechten Blindflug können wir nun folgendes ableiten:

1. Es ist nicht möglich, den Abtriftmesser oder den Querneigungsmesser allein zu benutzen.

2. Es ist möglich, den künstlichen Horizont oder den Wendezeiger allein zu verwenden, wenn nicht besondere konstruktive Bedingungen der statischen Richtungs- oder Seiteninstabilität oder Abhängigkeit der Steuervorrichtungen untereinander bestehen. Diese Bedingungen sind verschieden, je nachdem, ob man sich des Querruders oder des Seitenruders bedient.

3. Es ist dagegen immer möglich, wie auch die konstruktiven Bedingungen seien, irgendeine Gruppe von Instrumenten zu benutzen, die austauschbar sind. Die einzige Einschränkung ist durch den kritischen Anstellwinkel gegeben.

4. Die gleichzeitige Verwendung des Querneigungsmessers und des Wendezeigers ist im wesentlichen gleichwertig mit der Verwendung des künstlichen Horizontes.

III. Teil

29. Der ungestörte Geradeausflug im allgemeinen

Vom besonderen Fall des geradlinigen, gleichförmigen und waagerechten Fluges gehen wir nun zum ungestörten Geradeausflug im allgemeinen über.

Wir bestimmen zunächst, unter welchen Bedingungen er möglich ist.

Wenn eine beliebige Bewegung des Flugzeugs nicht waagerecht, sondern steigend oder gleitend ist, wird die Dichte der Luft längs dieser Bewegung verändert. Und da diese ein bestimmender Faktor der aerodynamischen Kraft ist, kann letztgenannte während der Bewegung nicht mehr konstant gehalten werden, wenn nicht ein anderer von den Parametern, von denen sie abhängt — d. h. also der Anstellwinkel oder die Geschwindigkeit — sich verändert. In diesem Falle ist also ein ungestörter Geradeausflug innerhalb der konstruktiven Grenzen nicht möglich.

Betrachten wir aber das Ziel der folgenden Abhandlung, die den Verlauf der Störungen eines Bewegungsvorganges — und dies für einen ziemlich kurzen Zeitabschnitt — behandeln soll, so können wir annehmen, daß während dieser Zeit die Veränderung der Luftdichte infolge des Höhenunterschiedes nicht groß genug ist, um das Ergebnis unserer Berechnung zu beeinflussen.

Mit anderen Worten, wir werden in unserer Betrachtung die Annahme einer konstanten Luftdichte einführen dürfen. Wir werden also die Veränderungen, die der Pilot langsam und geschickt in die Parameter der Bewegung einführt, um sie den wirklichen Veränderungen der Dichte anzupassen, nicht zu berücksichtigen brauchen. Wir beachten nur die vorübergehenden Störungen der Parameter, die eben im Instrumenteflug korrigiert werden sollen.

Zu diesem Zwecke nehmen wir an, daß ein Steigwinkel β_0 vorhanden sei und daß die Querachse y mit dem Horizont den Neigungswinkel Γ_0 bilde. Dann wird auch der Winkel γ_0 zwischen der Achse p und der Achse n von Null verschieden sein.

Ferner wird eine Krümmung der Flugbahn und eine Drehung der Flugzeugachsen zu verzeichnen sein. Außerdem werden im allgemeinen die Anstellung und die Abtrift nicht gleich Null sein.

In diesem Falle verlieren die Gleichungen die Einfachheit der Gleichungen der geraden, gleichförmigen, waagerechten Bewegung, und es wird zweckmäßig sein, sie genau bis auf die Vereinfachungen, die nach und nach infolge der Kleinheit gewisser Winkel möglich sind, aufzustellen.

Es ist also zweckmäßig (Bild 3, 4, 5) die Achsensysteme, die in Absatz 6 definiert und schon in Bild 1 vereinigt wurden, getrennt darzustellen, um die Drehungen zu betrachten, durch die sie zusammenfallen, wobei sie die früher bestimmten Winkel bilden, um dann die Ableitung der bestehenden Zusammenhänge zwischen den Winkeln im allgemeinen Fall zu ermöglichen.

30. Winkelbeziehungen

Wie aus Bild 3 zu ersehen ist, gelangt man vom geodätischen (erdfesten) Achsensystem zum flugzeugfesten, indem man das erste um die

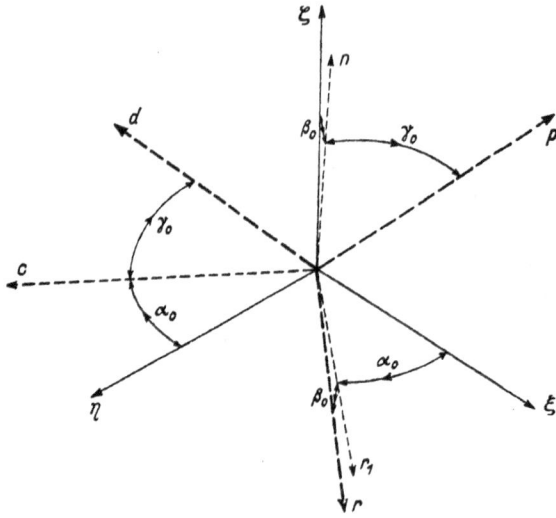

Bild 3.

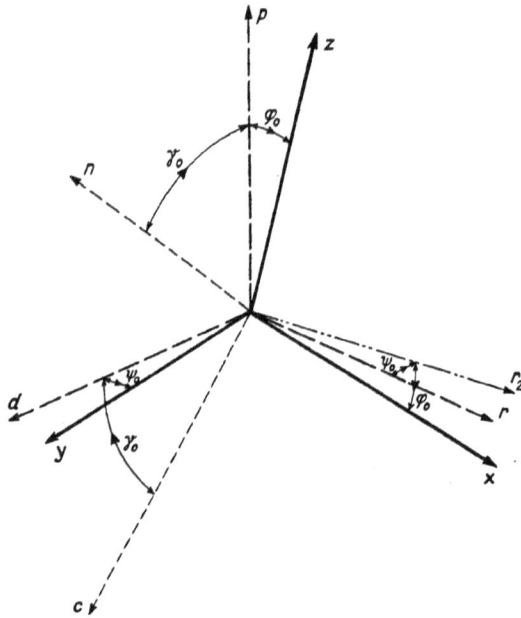

Bild 4.

Achse ζ mit einem Winkel α_0 dreht und es so zur Deckung mit r_1, c, ζ bringt, dann um die Achse c mit einem Winkel β_0, so daß es sich mit r, c, n deckt. Dreht man schließlich mit einem Winkel γ_0 um r, so fällt es mit dem aerodynamischen System (Windachsen) r, d, p zusammen. (Bild 3, Seite 717.)

Die so definierten Winkel α_0, β_0, γ_0 werden „dynamische Winkel" genannt. Aus Bild 4 erhält man ψ_0 und φ_0, indem man zunächst beachtet,

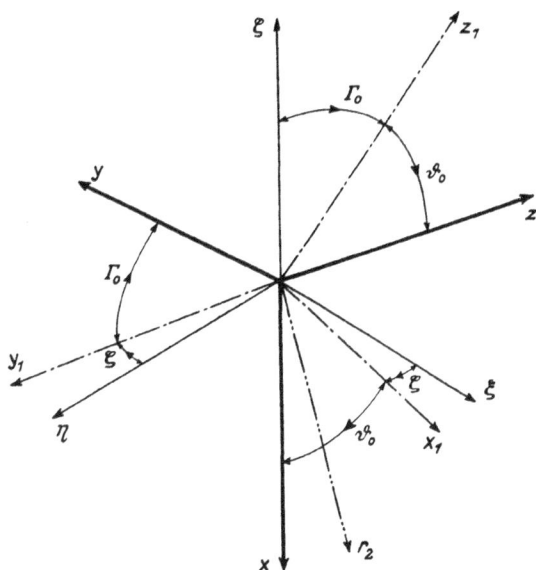

Bild 5.

daß p normal auf y ist, und daß mit einer Drehung ψ_0 um p das Achsensystem r, d, p mit r_2, y, p in Deckung gebracht wird. Eine weitere Drehung φ_0 um die Achse y läßt es mit dem flugzeugfesten System x, y, z zusammenfallen.

Aus Bild 5 leitet man schließlich die statischen Winkel ϑ_0, Γ_0, ζ_0 ab. Man dreht das erdfeste System um die Achse ζ des Azimutwinkels ζ_0 und deckt es mit x_1, y, ζ, da x_1 die Schnittlinie der Symmetrieebene mit dem Horizont ist. Dreht man mit Γ_0 dann um x_1, so bringt man die senkrechte Ebene ζx_1 in $z_1 x_1$ zur Deckung mit der Symmetrieebene und die Achse y_1 mit y. Dreht man schließlich die Symmetrieebene um y um den Winkel ϑ_0, so erhält man schließlich Übereinstimmung mit dem flugzeugfesten System x, y, z. (Bild 4, S. 718.)

Die positiven Vorzeichen der Winkel sind in jeder Abbildung angegeben.

Die obigen Abbildungen erlauben die sofortige Aufstellung der verschiedenen trigonometrischen Beziehungen zwischen den eben definierten Winkeln, aus denen man durch Einsetzen die Winkel findet, die die uns interessierenden Fragen betreffen.

Diese Beziehungen können ferner aus den bekannten Formeln der sphärischen Trigonometrie abgeleitet werden, wenn man die drei möglichen sphärischen Vierecke betrachtet, die auf einer Einheitskugel eingezeichnet werden können, von denen jedoch eines bestimmt ist, wenn die anderen beiden bestimmt sind. (Bild 5, S. 79.)

So kann man vom Viereck ζ n p z_1 und vom Viereck r_1 r r_2 x_1 (Bild 1 und 2) die folgenden Gleichungen mit einigen kleinen Umformungen ableiten.

Abschließend wird man die drei unabhängigen, grundlegenden Beziehungen auf dem einen oder anderen Wege finden, z. B.

$$\left.\begin{aligned}
\sin(\alpha_0 - \zeta_0) &= \sin\psi_0 \cos\gamma_0 \cos(\vartheta_0 - \varphi_0) + \sin\gamma_0 \sin(\vartheta_0 - \varphi_0); \\
\cos\psi_0 \operatorname{tang}\beta_0 &= \cos\gamma_0 \operatorname{tang}(\vartheta_0 - \varphi_0) - \sin\gamma_0 \sin\psi_0; \\
\cos\Gamma_0 \cos(\vartheta_0 - \varphi_0) &= \cos\beta_0 \cos\gamma_0
\end{aligned}\right\} \quad (54)$$

oder auch andere gleichwertige, die die sechs Winkel s_0, γ_0, ψ_0, Γ_0 $\alpha_0 - \xi_0$, $\vartheta_0 - \varphi_0$ verbinden, die in der Abbildung angedeutet wurden. Diese Beziehungen erleichtern dann die Erklärung des Bewegungsvorganges und erlauben ferner Vereinfachungen in den Gleichungen der gestörten Bewegung und in den Instrumentegleichungen.

31. Charakteristische Darstellung

Die vorhergehenden Gleichungen beweisen uns tatsächlich, daß man über drei Parameter verfügt, wenn drei andere Parameter gegeben sind. Wir haben hier die Parameter β_0, γ_0, ψ_0, d. h. den Steigwinkel, die dynamische Schräglage und die Abtrift. Wir nehmen sie von einem bestimmten Augenblick ausgehend als konstant an.

Der zweite Teil von Gl. (54) beweist nun, daß der Winkel $\vartheta_0 - \varphi_0$ bestimmt und daher konstant ist. Während wir aus dem dritten ersehen, daß die statische Schräglage Γ_0 konstant ist, und aus dem ersten, daß schließlich auch der Winkel $\alpha_0 - \zeta_0$ konstant ist.

Dieser letzte Winkel ergibt sich aber aus der Beziehung der beweglichen Achsen r_1 und x_1 zur erdfesten Achse ξ; r_1 und x_1 entfernen sich fortgesetzt von ξ, während nach den obigen Annahmen der Winkel zwischen r_1 und x_1 konstant bleibt.

Mit anderen Worten: Unter diesen Voraussetzungen bleiben alle Bögen der beiden sphärischen Vierecke $\zeta\,n\,p\,z_1$ und $r_1\,r\,r_2\,x_1$ konstant, und weil jedes zwei rechte Winkel hat, verändern diese Vierecke selbst — und auch das dritte $y\,d\,c\,y_1$, das von ihnen abhängt, während der Bewegung ihre Form nicht.

Nehmen wir nun an, daß wir außer den Parametern β_0, γ_0, ψ_0 auch den Parameter φ_0 bestimmen und konstant halten wollen, was, wie wir später beweisen werden, immer möglich ist, dann bleiben auch die Winkel der obigen Vierecke, die in der Abbildung durch pz und r_2x dargestellt werden, während der Bewegung konstant.

Daraus ergibt sich, daß die ganze sphärische Darstellung in Bild 1, die das Ende der Einheitsvektoren in bezug auf alle betrachteten Achsen bestimmt — ausgenommen die festen Bezugsachsen —, während der Bewegung gleich bleibt und eine charakteristische Darstellung bildet, die z. B. durch die vier Parameter β_0, γ_0, ψ_0, φ_0 gegeben ist. In dieser Darstellung ist daher das flugzeugfeste Achsensystem x, y, z bestimmt, es dreht zusammen mit den anderen Systemen (mit Ausnahme des erdfesten Achsensystems) um die senkrechte Achse ζ. Die Winkelgeschwindigkeit der Drehung der ganzen Abbildung ist also die der Achse r, in der der Geschwindigkeitsvektor V liegt, d. h. die Winkelgeschwindigkeit $\alpha_0 = \Omega$ der horizontalen Bahn r_1.

Damit diese charakteristische Darstellung einem ungestörten Geradeausflug entspricht, muß bewiesen werden, daß auch die Parameter V_0 und Ω_0 konstant sind, die wir noch nicht betrachtet haben.

32. Freiheitgrade des Flugzeuges

Das Flugzeug, oder besser das Motorflugzeug[1]), kann mit festen Rudern betrachtet werden als ein starrer freier Körper im Raum, und auf das Flugzeug kann man die gewöhnlichen Gesetze der Dynamik dieser Körper anwenden.

Seine Bewegung wird daher durch sechs Parameter definiert, drei, die die Lage des Schwerpunktes betreffen, und drei, die die Orientierung um den Schwerpunkt betreffen.

---

[1]) Crocco, Elementi di Aviazione, Kap. IX, § 117, Seite 380

Diese sechs Parameter sind untereinander durch sechs allgemeine Gleichungen der freien, starren Bewegung verbunden, und daher sind sie, abgesehen von der anfänglichen Lage und der anfänglichen Orientierung, im voraus bestimmt.

Man kann jedoch nicht von „Freiheitsgraden" der „freien starren Bewegung" sprechen, da — abgesehen von den anfänglichen Konstanten —, die Bewegung durch die aerodynamischen Kräfte bestimmt wird.

Das gelenkte Flugzeug ist aber kein starrer Körper, da es ja eben die Ruder besitzt, die es erlauben, die Lage und die Steifigkeit zu verändern. Die Veränderung der Ausschlagwinkel des Seitenruders, des Höhenruders und der Querruder δ, ξ, x ist tatsächlich eine Veränderung der Formsteifigkeit. Sie erlaubt die aerodynamischen Kräfte und genauer gesagt, die drei Momente um die Achsen x, y, z, von denen die Orientierung des Flugzeuges abhängt, zu verändern, so daß die Orientierung innerhalb der Grenzen der Wirksamkeit der Ruder willkürlich wird.

Überdies besitzt das Motorflugzeug ein viertes Steuerorgan, das die Verhältnisse des Zusammenwirkens zwischen Zelle und Triebwerk ändert und es erlaubt, direkt die Komponente der aerodynamischen Kräfte in Richtung der Achse x des flugzeugfesten Systems zu verändern.

In den sechs Gleichungen des Motorflugzeuges, in denen die Kräfte und die Momente Funktionen der Koordinaten sind, werden so vier neue, willkürliche Faktoren eingeführt, die es erlauben, von den sechs Parametern, die die Bewegung definieren, vier willkürlich festzusetzen, während die beiden letzten durch die Gleichung selbst gegeben sind.

So aufgefaßt besitzt die freie Bewegung des motorgetriebenen und gesteuerten Flugzeuges — welche immer auch die anfänglichen Konstanten seien — vier „Freiheitsgrade" im wahren Sinne des Wortes.

Daraus ergibt sich — um zum vorhergehenden Fall zurückzukehren —, wenn Ω_0, β_0, γ_0, φ_0, ψ_0, V_0 die gewählten Parameter sind, die den ungestörten Geradeausflug darstellen, die Möglichkeit, vier dieser Parameter auf Grund der vier verfügbaren Steuerorgane und innerhalb der konstruktiven Grenzen, willkürlich zu bestimmen, wenn die übrigen zwei gegeben waren.

Im besonderen wird es möglich sein, die vier Parameter (der charakteristischen Darstellung) β_0, γ_0, φ_0, ψ_0 vorher zu bestimmen und konstant zu halten, während V_0 und Ω_0 in jedem Augenblick durch die Gleichungen der Bewegung gegeben sein werden. Und nach unserer

Annahme über die konstante Luftdichte bleiben sie innerhalb der Grenzen dieser Annahme ebenfalls konstant.

Im betrachteten Falle ist die Bewegung im weitesten Sinne „ungestörte Geradeausbewegung", da alle sechs sie bestimmenden Parameter konstant sind. Die Bewegung ist gleichförmig, schraubenförmig, weil der Radius $\mathfrak{R}_0 = V_0/\Omega_0$ und die Ganghöhe der Schraube $2\,\pi\mathfrak{R}_0 \sin\beta_0$ konstant sind. Die Bewegung ist ferner durch eine konstante Orientierung des Flugzeuges in bezug auf einen Beobachter charakterisiert, der sich auf der festen Achse ζ befindet, sich auf ihr mit einer Geschwindigkeit $w_0 = V_0 \sin\beta_0$ fortbewegen und sich mit einer Winkelgeschwindigkeit Ω_0 um sie drehen kann.

Dieser Beobachter würde überdies die Vektoren innerhalb der Kugel, die diesen Bewegungsvorgang charakterisieren (wenn sie darin eingezeichnet wären) unveränderlich sehen.

So könnte man z. B. innerhalb der Kugel den Vektor der gesamten aerodynamischen Kraft F_0 einzeichnen, der sich aus den vier Vektoren P_0, D_0, R_0, T_0 ergibt, den Vektor a der totalen Beschleunigung in entgegengesetzter Richtung, der sich aus den vier Vektoren g, $V_0\,\Omega_0$, V_0', $V_0\,\beta'$ ergibt, von denen die beiden letzten im ungestörten Geradeausflug gleich Null sind, ferner den Vektor der Winkelgeschwindigkeit Ω_0, der sich aus den drei Vektoren p_0, q_0, r_0 ergibt.

Wir werden diese Einzeichnungen jedoch nicht durchführen, da es, um die graphische Darstellung zu vervollständigen, genügt, auf die Möglichkeit hingewiesen zu haben.

Schließlich bemerken wir noch, daß, da die Parameter konstant sind, ihre ersten Ableitungen, nämlich $V_0' = \Omega_0' = \beta_0' = \gamma_0' = \varphi_0' = \psi_0' = 0$ sind.

33. Gleichungen des ungestörten Geradeausfluges

Um die Gleichungen der ungestörten Geradeausbewegung aufzustellen, genügt es, auszudrücken, daß die gesamte aerodynamische Kraft gleich dem Produkt aus der Masse des Flugzeuges und der gesamten Beschleunigung ist.

Da diese beiden Vektoren in der Kugel, die die Bewegung darstellt, und in der sie eine unveränderliche Stellung in bezug auf die Achsen einnehmen, untrennbar sind, wird es genügen, die Gleichheit ihrer Projektionen auf drei beliebige, zweckmäßig gewählte Achsen darzustellen.

Wir wählen hier die Achsen r und d des aerodynamischen Achsensystems und die Achse n des flugbahnfesten Systems.

Die Projektionen der aerodynamischen Kraft sind:

$$\left.\begin{aligned} \text{auf } r\colon\ & R_0 - T_0 \cos \varphi_0 \cos \psi_0 \\ \text{auf } n\colon\ & P_0 \cos \gamma_0 + T_0 \left(\cos \varphi_0 \sin \psi_0 \sin \gamma_0 + \sin \varphi_0 \cos \gamma_0\right) + D_0 \sin \gamma_0 \\ \text{auf } d\colon\ & T_0 \cos \varphi_0 \sin \psi_0 + D_0 \end{aligned}\right\} (55)$$

Die Projektionen der drei Beschleunigungen ergeben bei Wechsel des Vorzeichens:

$$\left.\begin{aligned} \text{auf } r\colon\ & m V'_0 + m g \sin \beta_0 \\ \text{auf } n\colon\ & - m g \cos \beta_0 - m V_0 \beta_0 \\ \text{auf } d\colon\ & m V_0 \left(\Omega_0 \cos \beta_0 \cos \gamma_0 - \beta_0' \sin \gamma_0\right) - m g \cos \beta_0 \sin \gamma_0. \end{aligned}\right\} (56)$$

In der dritten Formel stellen die Ausdrücke in der Klammer die Projektionen der gesamten Drehgeschwindigkeit auf die Auftriebsachse p dar, die senkrecht auf d ist.

Sie enthält die Ableitungen der Drehungen α_0 und β_0.

Stützt man sich dagegen auf die Drehungen in bezug auf die flugzeugfesten Achsen p_0, q_0, r_0, so muß man diese Drehungen auf die Auftriebsachse projizieren und die Drehung der Flugzeugachsen um den Auftrieb — die schon mit ψ_0 angedeutet wurde —, hinzufügen.

Da der Auftrieb in der Symmetrieebene liegt, d. h. senkrecht zur Achse y, hat die Rotation q_0 keinen Einfluß, und es bleiben nur die beiden Projektionen $r_0 \cos \varphi_0$ und $- p_0 \sin \varphi_0$ (mit den vereinbarten Vorzeichen) übrig.

Man erhält also die genaue Beziehung

$$\Omega_0 \cos \beta_0 \cos \gamma_0 - \beta_0' \sin \gamma_0 = r_0 \cos \varphi_0 - p_0 \sin \varphi_0 + \psi_0' \quad . \ . \ (57)$$

die wir im dritten Ausdruck von Gl. (56) einsetzen wollen.

Setzt man nun die Kräfte gleich den Beschleunigungen multipliziert mit der Masse des Flugzeuges, so erhält man die Gleichungen einer spiralförmigen, nicht gleichförmigen Bewegung, die uns später helfen werden, die Gleichungen der gestörten Bewegung zu finden, und in denen wir $V_0' = \beta_0' = \psi_0' = 0$ setzen müssen, um die Gleichungen der gleichförmigen, ungestörten Schraubenbewegung zu finden.

Diese letzten Gleichungen ergeben nun, da man, weil die Winkel φ_0 und ψ_0 sehr klein sind, die Kosinus gleich Eins und die Sinus gleich den Winkeln setzen kann:

$$mg \sin \beta_0 + R_0 - T_0 = 0$$
$$- mg \cos \beta_0 + (P_0 + T_0 \varphi_0) \cos \gamma_0 + (D_0 + T_0 \psi_0) \sin \gamma_0 = 0 \left.\right\} \quad (58)$$
$$m V_0 (r_0 - p_0 \varphi_0) - mg \cos \beta_0 \sin \gamma_0 + D_0 + T_0 \psi_0 = 0.$$

Daraus können wir einen besonderen, ungestörten Geradeausflug ableiten, der der korrigierten Kurve entspricht, und den wir näher betrachten müssen, um daraus angenäherte, sehr einfache Beziehungen zwischen den hauptsächlichen Parametern der Bewegung zu finden, die in der Dynamik des Flugzeugs allgemein im Gebrauch stehen.

Setzt man nun $\psi_0 = 0$ und bedenkt man, daß D_0 sich mit ψ_0 aufhebt, und läßt man $p_0 \varphi_0$ gegenüber r_0, $T_0 \varphi_0$ und P_0 unberücksichtigt, so erhält man

$$mg \sin \beta_0 + R_0 - T_0 = 0$$
$$- mg \cos \beta_0 + P_0 \cos \gamma_0 = 0 \left.\right\} \quad \ldots \ldots (59)$$
$$V_0 r_0 - g \cos \beta_0 \sin \gamma^0 = 0$$

Dies sind die vereinfachten Gleichungen der ungestörten, gleichförmigen, schraubenförmigen Bewegung, deren Störungen wir betrachten wollen.

34. Bestimmung der vier Steuerorgane

Es ist nunmehr leicht zu erkennen, in welcher Weise man einen vorher bestimmten ungestörten Geradeausflug berechnen kann, der z. B. durch die Parameter $\mathfrak{R}_0$, V_0, β_0 gegeben ist. Ω_0 ist dadurch auch gegeben. Ferner setzt man die Luftdichte ϱ_0 als bekannt voraus.

Die zweite und die dritte Gleichung werden die unbekannten Parameter φ_0, ψ_0, γ_0 enthalten und einige Funktionen dieser Parameter und der Geschwindigkeit V_0.

Wir werden aus den Gleichungen die Funktion T_0 entfernen können, indem wir sie aus der ersten Gleichung ableiten. Dann bleiben noch die drei aerodynamischen Funktionen P_0, R_0, D_0, die von den bekannten Größen ϱ_0 und V_0 und von den unbekannten Größen φ_0, ψ_0, γ_0 abhängen. Es wird also, wie wir gezeigt haben, noch ein anderer Parameter unter diesen dreien, die wir wählen können, frei bleiben.

Vom Standpunkt der Darstellung aus wird es zweckmäßig sein, ψ_0 zu wählen und es gleich Null anzunehmen. Dies entspricht der sog. „korrekten Kurve", von deren ungefähren Gleichungen wir bereits gesprochen haben.

Es bleiben nun die beiden Parameter φ_0 und γ_0 übrig, die sich aus den beiden genannten Gleichungen ergeben, und aus denen man daher R_0 erhält.

Die erste Formel von Gl. (58) ergibt nun den Wert für T_0. Und weil T_0 eine Funktion von V_0 und der Umdrehungszahl n_0 ist, ergibt sie den Wert für n_0.

Die Bestimmung von n_0 entspricht unmittelbar einem der vier verfügbaren Steuerungen.

Die Bestimmung von φ_0, ψ_0, γ_0 entspricht den anderen drei Steuermaßnahmen. Tatsächlich wird man, da im allgemeinen die Momente der aerodynamischen Kräfte in bezug auf die Achsen x, y, z mit L_0, M_0, N_0 bezeichnet werden, für den ungestörten Geradeausflug die Formeln

$$L_0\,(\varphi_0,\,\psi_0,\,\gamma_0,\,\chi_0) = 0,$$
$$M_0\,(\varphi_0,\,\psi_0,\,\gamma_0,\,\zeta_0) = 0,$$
$$N_0\,(\varphi_0,\,\psi_0,\,\gamma_0,\,\delta_0) = 0$$

erhalten, in denen χ_0, ζ_0, δ_0 die Ausschlagwinkel des Querruders, des Höhenruders und des Seitenruders sind.

Sind nun φ_0, ψ_0, γ_0 bestimmt worden, so berechnet man (wenn möglich) die drei übrigen Steuer.

Bei diesen Betrachtungen haben wir angenommen, daß die Schwerkraft, die durch das Höhenleitwerk gegeben ist, nicht berücksichtigt zu werden braucht.

35. Gestörte Bewegung — Aerodynamische Kräfte

Wir nehmen nun an, der ungestörte Geradeausflug sei durch die sechs Parameter V_0, β_0, φ_0, ψ_0, γ_0, r_0 bestimmt und werde durch vier Steuergrößen n_0, χ_0, ξ_0, δ_0 in seiner Lage erhalten. Damit ein solcher ungestörter Geradeausflug im Idealfall in einem Gebiet konstanter Luftdichte bleibe, werden wir uns eine zeitlich begrenzte, innere oder äußere störende Ursache vorstellen, die die sechs Parameter plötzlich ändert und gleich darauf zu wirken aufhört. Dabei sind bekanntlich u, β, φ, ψ, γ, r die Störungen der sechs Parameter und u', β', φ', ψ', γ', r' ihre Ableitungen, die nicht mehr gleich Null sind. R, T, P, D sind die sich ergebenden Störungen der Komponenten der aerodynamischen Kraft. Alle diese Störungen werden wir als klein annehmen, so daß sie als Variationen der entsprechenden Parameter betrachtet werden können.

Man wird nun die Gleichungen der Bewegung aufstellen, indem man die Komponenten der Störungen der aerodynamischen Kräfte längs den drei gewählten Achsen den Beschleunigungen multipliziert mit der Masse des Flugzeuges gleichsetzt.

Die Komponenten der Störungen der aerodynamischen Kraft erhält man aus Gl. (55), indem man differenziert und dann $\cos \varphi_0 = \cos \psi_0 = 1$, $\sin \varphi_0 = \varphi_0$, $\sin \psi_0 = \psi_0$ setzt. Man erhält dadurch

$$\left.\begin{array}{l} \text{in Richtung } r: R - T \\ \text{in Richtung } n: (P + T\varphi_0 + T_0\varphi)\cos\gamma_0 + (D + T\psi_0 + T_0\psi)\sin\gamma_0 + \\ \qquad + [(D_0 + T'_0\psi_0)\cos\gamma_0 - (P_0 + T_0\varphi_0)\sin\gamma_0]\,\gamma; \\ \text{in Richtung } d: D + T\psi_0 + T_0\psi, \end{array}\right\} (60)$$

in denen die Ausdrücke zweiter Ordnung weggelassen wurden.

Wir bemerken, daß in den vorhergehenden Ausdrücken die Variationen R, T, P als lineare Funktionen der Veränderlichen u und φ ausgedrückt werden können, während die Ablenkkraft D_0 im wesentlichen proportional zur Abtrift ψ_0 ist und die Variation D eine Funktion von u und ψ sein wird.

Setzen wir nun

$$P_0 + T_0\varphi_0 = P_1; \;\; D_0 + T_0\psi_0 = D_1 \;\; \ldots \ldots \;\; (61)$$

so werden die Klammerausdrücke der beiden ersten Glieder der Komponente auf n gerade die Variationen von P_1 und D_1 sein und wir können schreiben:

$$\left.\begin{array}{l} R - T = m\,X\,u + m\,G\,\varphi \\ P + T\,\varphi_0 + T_0\,\varphi = m\,Z\,u + m\,K\varphi \\ D + T\,\psi_0 + T_0\,\psi = m\,Y\,u + m\,E\,\psi \end{array}\right\} \ldots \ldots \;\; (62)$$

In diesen Gleichungen ist Y proportional zu ψ_0.

Die dritte Formel von Gl. (62) bestimmt den Beiwert E der Gl. (48), wobei ψ_0 gleich Null ist.

So werden die Komponenten der störenden aerodynamischen Kraft im allgemeinen Falle von $\psi_0 \neq 0$ sein:

$$\left.\begin{array}{l} \text{in Richtung } r: m\,X\,u + m\,G\,\varphi \\ \text{in Richtung } n: (m\,Z\cos\gamma_0 + m\,Y\sin\gamma_0)\,u + m\,K\cos\gamma_0\,\varphi + \\ \qquad + m\,E\sin\gamma_0\,\psi + (D_1\cos\gamma_0 - P_1\sin\gamma_0)\,\gamma \\ \text{in Richtung } d: m\,Y\,u + m\,E\,\psi. \end{array}\right\} (63)$$

36. Gestörte Bewegung — Beschleunigungen

Ähnlich wird man die Komponenten der Beschleunigung bei gestörter
Bewegung finden, indem man Gl. (56) differenziert.

Die beiden ersten Komponenten geben keinen Anlaß zu Bemerkungen.
Es wird genügen, die Ableitungen von V_0 und β_0 in der gestörten Bewegung gleich Null zu setzen und nur die der gestörten Bewegung beizu-
behalten.

Die dritte Komponente muß besprochen werden. Vor allem setzt man
in ihr an Stelle des Ausdruckes mit Ω_0 und β_0 den mit p_0 und r_0 an.

Ferner setzt man $\cos \varphi_0 = 1$, $\sin \varphi_0 = \varphi_0$, nimmt nach der Differen-
ziation die Ableitung von ψ_0 im ungestörten Geradeausflug gleich Null
an und behält nur die Ableitung der gestörten Bewegung ψ' bei.

Die Änderung des ersten Ausdruckes in V_0 hat nun die Form:

$$V_0 \left(r - r_0 \varphi_0 \varphi - p \varphi_0 - p_0 \varphi + \psi'\right) + u \left(r_0 - p_0 \varphi_0\right).$$

In diese Gleichung wollen wir durch Näherungen einige Vereinfachungen
einführen.

Vor allem werden wir — da φ_0 klein ist und von derselben Ordnung
wie φ — den Ausdruck $\varphi_0 \varphi$ als von zweiter Ordnung betrachten. Dann
werden wir $p_0 \varphi_0$ gegenüber r_0 außer acht lassen, nicht nur, weil φ_0 klein
ist, sondern auch weil p_0 gegenüber r_0 sehr klein ist. Aus denselben
Gründen werden wir schließlich $p \varphi_0$ gegenüber r_0 nicht berücksichtigen.

Dann erhalten wir statt der obigen Formel:

$$V_0 \left(r - p_0 \varphi + \psi'\right) + r_0 u.$$

Ferner sehen wir, daß man im Falle $\psi_0 = \varphi_0 = 0$ durch Projektion des
senkrechten Vektors Ω auf die Flugzeugachsen x und z

$$-p_0 = \Omega_0 \sin \beta_0; \quad r_0 = \Omega_0 \cos \beta_0 \cos \gamma_0 \quad \ldots \ldots \quad (64)$$

und daher

$$-p_0 = r_0 \frac{\operatorname{tg} \beta_0}{\cos \gamma_0} \quad \ldots \ldots \ldots \quad (65)$$

erhält.

Da ψ_0 und φ_0 klein sind, führen wir diese Beziehung zur Erweiterung
des vorigen Ausdruckes ein, um so eine angenäherte Lösung zu finden.

Die Formel lautet nun

$$V_0 \left(r + r_0 \frac{\operatorname{tg} \beta_0}{\cos \gamma_0} \varphi + \psi'\right) + r_0 u,$$

und in dieser kann man nun die Größe r_0 wegen der schon erwähnten angenäherten Beziehung $V_0 r_0 = g \sin \gamma_0$ Gl. (59) weglassen. Wir übernehmen den Ausdruck in dieser Form und setzen $\cos \beta_0 = 1$, $\sin \beta_0 = \mathrm{tg} \, \beta_0 = \beta_0$.

Die drei Komponenten der Variation der Beschleunigung in der gestörten Bewegung ergeben bei verändertem Vorzeichen schließlich

$$
\left.
\begin{aligned}
&\text{in Richtung } r\colon \; u' + g\,\beta \\
&\text{in Richtung } n\colon \; -V_0\,\beta' + g\,\beta_0\,\beta \\
&\text{in Richtung } d\colon \; \frac{g \sin \gamma_0}{V_0} \, u + g\,\beta_0\,(\sin \gamma_0 \, \beta + \mathrm{tg}\,\gamma_0 \, \varphi) \\
&\hspace{4.5cm} + V_0\,\psi' - g \cos \gamma_0\,\gamma + V_0\,r
\end{aligned}
\right\} (66)
$$

37. Gestörte Bewegung — Winkelbeziehungen

Aus den Formeln (54) erhält man, wenn man die Kosinus der kleinen Winkel φ_0, ψ_0, $(\vartheta_0 - \varphi_0)$, $(\alpha_0 - \xi_0)$ gleich Eins setzt und die Sinus und Tangens gleich den Winkeln, die angenäherten Formeln für den ungestörten Geradeausflug:

$$
\left.
\begin{aligned}
\beta_0 &= (\vartheta_0 - \varphi_0) \cos \gamma_0 - \psi_0 \sin \gamma_0 \\
\alpha_0 - \zeta_0 &= (\vartheta_0 - \varphi_0) \sin \gamma_0 + \psi_0 \cos \gamma_0
\end{aligned}
\right\} \quad \ldots \ldots \ldots (67)
$$

aus denen man nach Elimination von $\vartheta_0 - \varphi_0$

$$
\alpha_0 - \zeta_0 = \beta_0 \, \mathrm{tg} \, \gamma_0 + \frac{\psi_0}{\cos \gamma_0} \quad \ldots \ldots \ldots (68)
$$

erhält. Differenziert man nun den ersten Teil von Gl. (67), so erhält man bei gestörter Bewegung

$$
\beta = (\vartheta - \varphi) \cos \gamma_0 - \psi \sin \gamma_0 - [(\vartheta_0 - \varphi_0) \sin \gamma_0 + \psi_0 \cos \gamma_0]\,\gamma,
$$

die durch den zweiten Teil von Gl. (67) und durch Gl. (68) die Form

$$
\beta = (\vartheta - \varphi) \cos \gamma_0 - \psi \sin \gamma_0 - \left[\beta_0 \, \mathrm{tg} \, \gamma_0 + \frac{\psi_0}{\cos \gamma_0}\right]\gamma \quad \ldots (69)
$$

erhält, die wir bei den folgenden Berechnungen verwenden werden; der Kürze halber wollen wir jedoch ψ_0 gleich Null annehmen.

Diese Beziehung liefert uns die Formel der Veränderlichen ϑ, die nicht unter denen für β, φ, ψ, γ vorkommt.

Für den geradlinigen horizontalen Flug vereinfacht sich die Formel zu

$$
\vartheta = \beta + \varphi.
$$

38. Gleichungen der gestörten Bewegung

Faßt man die Gl. (63) und (66) zusammen, so erhält man die Gleichungen der gestörten Bewegung unter den vereinfachten, klareren Voraussetzungen und für $\psi_0 \neq 0$.

In diese führen wir nun dieselben Annäherungen wie beim ungestörten Geradeausflug ein, nämlich

$$P_1 \simeq P_0 \sim \frac{mg}{\cos \gamma_0} \quad \cdots \cdots \cdots (70)$$

und erhalten

in Richtung r: $u' + g\beta + Xu + G\varphi = 0$

in Richtung n: $(Z\cos\gamma_0 + Y\sin\gamma_0)u - V_0\beta' + g\beta_0\beta + K\cos\gamma_0\varphi$
$$+ E\sin\gamma_0\,\psi + (E\psi_0\cos\gamma_0 - g\,\mathrm{tg}\,\gamma_0)\gamma = 0 \Big\}\;(71)$$

in Richtung d: $\left(\dfrac{g\sin\gamma_0}{V_0} + Y\right)u + g\beta_0(\sin\gamma_0\beta + \mathrm{tg}\,\gamma_0\varphi) + V_0\psi'$
$$+ E\psi - g\cos\gamma_0\,\gamma + V_0 r = 0$$

Diese Gleichungen können für die geradlinige, waagerechte Bewegung auf Gl. (23) und Gl. (48) beschränkt werden, wenn man $\beta_0 = \gamma_0 = \psi_0 = 0$ setzt.

Bemerken wir noch, daß sich in diesen Gleichungen eine vielleicht vorhandene Abtrift ψ_0 im ungestörten Geradeausflug wegen der Ausdrücke mit Y und $E\psi_0$ nur in der zweiten und dritten darstellen läßt. Von diesen beiden kann der Ausdruck mit Y, weil ψ_0 sehr klein ist, gegenüber den anderen als von zweiter Ordnung angenommen werden.

Der Ausdruck mit $E\psi_0$ ist fast immer unwesentlich gegenüber dem Ausdruck mit g, wenn γ_0 einen beachtlichen Wert hat. Ist dagegen γ_0 klein, so kann er von großer Bedeutung sein.

Wir werden also den Ausdruck mit Y immer weglassen, während wir in einer späteren Arbeit den Einfluß des Ausdruckes $E\psi_0$ in den Fällen betrachten werden, in denen man den Querneigungsmesser anwendet.

Wir erwähnen noch, daß die Steigung β_0, in der zweiten und dritten Gleichung im allgemeinen durch kleine Werte ausgedrückt wird — die wir aber nicht von vornherein weglassen können. Die entsprechenden Vereinfachungen werden wir von Fall zu Fall einführen.

39. Gleichungen des Neigungsmessers und des Querneigungsmessers

Die Gleichungen der Geräte auf aerostatischer und auf aerodynamischer Grundlage, wie der Höhenmesser 4. und die Geschwindigkeitsmesser 1.

und 2., der Anstellwinkelmesser 10. und der Abtriftmesser 11. sind für den gleichförmigen, schraubenförmigen, ungestörten Geradeausflug dieselben wie für den geradlinigen Flug. Nur das Variometer liefert die Instrumentegleichung $V_0 \beta + \beta_0 u = 0$.

Dagegen werden die Gleichungen der Instrumente, bei denen man Beschleunigungen, Winkelgeschwindigkeiten und Orientierungen berücksichtigen muß, wesentlich komplizierter. sein.

Wir beginnen mit den Beschleunigungen.

Die Instrumente auf der Grundlage der Beschleunigung sind der Beschleunigungsmesser 6. oder die Pendelgeräte, wie der Neigungsmesser 7. und der Querneigungsmesser 12.

Erstgenannter steht für den Instrumenteflug nicht im allgemeinen Gebrauch und wird nur beim Kunstflug angewandt.

Die beiden anderen zeigen die entsprechenden Projektionen der gesamten Beschleunigung (Erd- und kinetische Beschleunigung) auf die Symmetrieebene $x z$ und die Stirnebene $z y$ des Flugzeuges an. Ihre Gleichungen drücken daher die konstante Richtung dieser beiden Projektionen aus.

Statt auf Grund der Beschleunigungen kann man die konstante Richtung auch auf Grund der aerodynamischen Kräfte darstellen. Tatsächlich ist die Richtung der Gesamtbeschleunigung dieselbe wie diejenige, die sich aus den aerodynamischen Kräften ergibt.

Die Gleichung des Neigungsmessers wird also die Konstanz des Verhältnisses zwischen der Projektion der sich ergebenden aerodynamischen Kraft auf die Achse x und der Kraft auf die Achse z darstellen.

Im allgemeinen erhalten wir also:

$$\frac{R_0 \cos \psi_0 \cos \varphi_0 - T_0 - P_0 \sin \varphi_0 - D_0 \sin \psi_0 \cos \varphi_0}{P_0 \cos \varphi_0 + R_0 \cos \psi_0 \sin \varphi_0 - D_0 \sin \psi_0 \sin \varphi_0} = \text{konst.}$$

und weiter, weil φ_0 und ψ_0 klein sind und $D_0 \psi_0$ von zweiter Ordnung, da ja D_0 selbst proportional zu ψ_0 ist,

$$\frac{R_0 - T_0 - P_0 \varphi_0}{P_0 + R_0 \varphi_0} = \text{konst.}$$

Setzt man die Variation des ersten Gliedes gleich Null, so erhält man die Instrumentegleichung des Neigungsmessers bei gestörter Bewegung — angenommen $R_0 \varphi_0$ könnte gegenüber P_0 vernachlässigt werden.

Man erhält nun die Gleichung

$$P_0 (R - T - P_0 \varphi) + (T_0 - R_0)(P + R_0 \varphi + R \varphi_0) = 0,$$

die, wegen der Gl. (62) und (58) und unter Weglassung der Ausdrücke zweiter Ordnung die Gl. (72) ergibt.

$$(X + \beta_0 Z \cos \gamma_0)\, u + \left[\left(G - \frac{g}{\cos \gamma_0}\right) + \beta_0 K \cos \gamma_0\right] \varphi = 0 \qquad (72)$$

Bei geradlinigem, waagerechtem Flug vereinfacht sich die Formel auf
$$X u + G \varphi = g \varphi$$
und wie bereits angedeutet auf
$$u' + g \vartheta = 0.$$

Die Gleichung des Querneigungsmessers wird dagegen die Konstanz des Verhältnisses zwischen der Projektion der sich ergebenden aerodynamischen Kraft auf die Achse y und der auf die Achse z sein. Indem wir die Schwerpunktkräfte infolge der Steuerorgane nicht berücksichtigen, erhalten wir

$$\frac{R_0 \sin \varphi_0 + D_0 \cos \varphi_0}{P_0 \cos \psi_0 + R_0 \cos \psi_0 \sin \varphi_0 - D_0 \sin \psi_0 \sin \varphi_0} = 0$$

und im besonderen, weil φ_0 und ψ_0 klein sind,

$$\frac{D_0 + R_0 \psi_0}{D_0 + R_0 \varphi_0} = \text{konst.},$$

wobei man D_0 als lineare Funktion von ψ_0 bezeichnen kann.

Differenziert man nun diesen Ausdruck, so erhält man die genaue Instrumentegleichung des Querneigungsmessers, die von der Art

$$\psi + f(u, \varphi)\, \psi_0 = 0$$

sein wird, woraus sich ergibt, daß man, wenn ψ_0 anfänglich gleich Null war, einfach

$$\psi = 0$$

erhalten wird.

Die Gleichung des Querneigungsmessers ist also unter den obigen Voraussetzungen auch bei schraubenförmigem, gleichförmigem, ungestörtem Geradeausflug gleich der des Abtriftmessers.

Natürlich wird man, auch wenn dies nicht der Fall ist, ψ_0 möglichst lange gleich Null annehmen, da ja $f(u, \varphi)$ in der Regel einen kleinen gebrochenen Zahlenwert ergibt.

40. Gleichungen des Wendezeigers und des Rollgeschwindigkeitsmessers

Anzeiger der Winkelgeschwindigkeit sind die Instrumente 9., 14., 18., d. h. der Wendezeiger, der Roll- und der Wendegeschwindigkeitsmesser.

Sie beziehen sich auf die Winkelgeschwindigkeiten q_0, p_0, r_0 (bezogen auf die Flugzeugachsen), und ihre Instrumentegleichung der gestörten Bewegung wird einfach durch $q = 0, p = 0, r = 0$ ausgedrückt. Während jedoch die dritte dieser Gleichungen in unseren Formeln der Bewegung, in denen r unter den gegebenen Veränderlichen ist, angewandt werden kann, ist dies bei den beiden anderen nicht der Fall, da q und p nicht besonders erwähnt waren.

Man muß also p und q als Funktionen der gewählten Veränderlichen ausdrücken.

Wenn wir uns an die in Nr. 37 angegebenen Winkelbeziehungen erinnern, bemerken wir, daß die Lage des Flugzeugs mit Hilfe der Winkel φ_0 und ψ_0 in bezug auf das aerodynamische Achsensystem r, d, p definiert worden ist, so daß die Ableitungen φ_0' und ψ_0' die Winkelgeschwindigkeit des Flugzeugs in bezug auf dieses Achsensystem ausdrücken. Anderseits ist die Winkelgeschwindigkeit des Achsensystems in bezug auf die erdfesten Achsen selbst mit Hilfe der Ableitungen α_0', β_0', γ_0' der Winkel zu definieren, die deren Lage in bezug auf die Achsen r, d, p anzeigen.

So kann schließlich die Winkelgeschwindigkeit des Flugzeugs außer mit Hilfe der Komponenten in bezug auf die Achsen x, y, z und somit durch p_0, q_0, r_0 auch durch die vektorielle Summe der Winkelgeschwindigkeit des Flugzeugs in bezug auf das aerodynamische Achsensystem und durch die Winkelgeschwindigkeit dieses letztgenannten ausgedrückt werden.

Es werden also die Projektionen der Winkelgeschwindigkeit auf drei beliebige Achsen, wie r, d, p, die in den beiden obenerwähnten Weisen erhalten wurden, identisch sein.

Indem man diese Projektionen ausführt und bedenkt, daß die Winkelgeschwindigkeit ψ_0 mit einem negativen Vorzeichen angenommen wird, erhält man die folgenden drei Gleichungen, für die wie vorher $\alpha_0' = \Omega_0$ angenommen wird:

$$\left. \begin{aligned} \gamma'_0 - \Omega_0 \sin \beta_0 &= (p_0 \cos \varphi_0 + r_0 \sin \varphi_0) \cos \psi_0 + (q_0 - \varphi'_0) \sin \psi_0 \\ \beta'_0 \cos \gamma_0 + \Omega_0 \cos \beta_0 \sin \gamma_0 &= (q_0 - \varphi'_0) \cos \psi_0 \\ &\quad - (p_0 \cos \varphi_0 + r_0 \sin \varphi_0) \sin \psi_0 \\ \beta'_0 \sin \gamma_0 - \Omega_0 \cos \beta_0 \cos \gamma_0 &= p_0 \sin \varphi_0 - r_0 \cos \varphi_0 - \psi'_0 \end{aligned} \right\} \quad (73)$$

Aus diesen Gleichungen findet man die Ausdrücke für p und q, die gleich Null gesetzt die Instrumentegleichungen der Anzeigeinstrumente für den seitlichen Überschlag und für das Rollen darstellen.

Subtrahiert man vom Produkt aus der zweiten Gleichung und $\sin \gamma_0$ die dritte multipliziert mit $\cos \gamma_0$, so erhält man eine Beziehung, die die Winkelgeschwindigkeit Ω_0 unter Elimination von β'_0 darstellt.

Addiert man dann zur zweiten Gleichung multipliziert mit $\cos \gamma_0$ die dritte multipliziert mit $\sin \gamma_0$, so kann man β'_0 unter Elimination von Ω_0 darstellen.

Differenziert man diesen letzten Ausdruck und hilft man sich mit dem Werte von Ω_0 der oben gefunden wurde — so erhält man schließlich —, nachdem man die Ableitungen β'_0, γ'_0, φ'_0, ψ'_0, die sich auf die fortgesetzte Bewegung beziehen, gleich Null gesetzt hat, und indem man den ersten Teil der Gl. (73) berücksichtigt, die folgende vollkommene und genaue Beziehung der Veränderlichen der gestörten Bewegung:

$$\begin{aligned}
\beta' = {} & (q - \varphi') \cos \psi_0 \cos \gamma_0 - (r \cos \varphi_0 - p \sin \varphi_0 + \psi') \sin \gamma_0 \\
& - (p \cos \varphi_0 + r \sin \varphi_0) \sin \psi_0 \cos \varphi_0 - q_0 \operatorname{tg} \psi_0 \sin \gamma_0 \, \varphi \\
& + (p_0 \sin \varphi_0 - r_0 \cos \varphi_0) \sin \psi_0 \cos \gamma_0 \, \varphi \\
& + \Omega_0 \left(\sin \beta_0 \cos \gamma_0 \, \psi - \frac{\sin \beta_0 \sin \gamma_0}{\cos \psi_0} \varphi - \cos \beta_0 \, \gamma \right).
\end{aligned}$$

Da diese Beziehung ziemlich kompliziert ist, wollen wir sie vereinfachen, indem wir $\psi_0 = 0$ setzen, d. h. im Falle einer kleinen Abweichung des ungestörten Geradeausfluges nehmen wir sie als angenähert an. Ferner setzen wir hier auch

$$\cos \varphi_0 = \cos \beta_0 = 1; \quad \sin \beta_0 = \beta_0; \quad \sin \varphi_0 = \varphi_0;$$

und lassen $p_0 \varphi_0$ gegenüber r_0 und $p \varphi_0$ gegenüber r unberücksichtigt.

Wir erhalten die Gleichung für das Gerät 9.:

$$\begin{aligned}
q \cos \gamma_0 = {} & \beta' + \varphi' \cos \gamma_0 + (r + \psi') \sin \gamma_0 + \Omega_0 \gamma \\
& + \Omega_0 \beta_0 (\sin \gamma_0 - \cos \gamma_0 \psi) = 0 \quad . \quad . \quad . \quad (74)
\end{aligned}$$

Ähnlich gehen wir bei dem Rollgeschwindigkeitsmesser vor. Wir ziehen von der 1. Formel der Gl. (73), die mit $\cos \psi_0$ multipliziert ist, die mit $\sin \psi_0$ multiplizierte 2. Formel ab und erhalten einen Ausdruck, aus dem q_0 ausgeschaltet ist, d. h. einen Ausdruck gleicher Art wie die 3. Formel der Gl. (73).

Differenziert man nun diesen Ausdruck und die dritte Formel der Gl. (73), und verbindet man die beiden Resultate, nachdem man φ'_0, ψ'_0, β'_0, γ'_0 gleich Null gesetzt hat, so erhält man im besonderen Falle von $\psi_0 = 0$ die Instrumentegleichung für das Instrument 14. (entsprechend der Bedingung $p = 0$):

$$\gamma' - \beta_0 \left(\operatorname{tg} \gamma_0 \beta' + \Omega_0 \operatorname{tg} \gamma_0 \gamma + \frac{r + \psi'}{\cos \gamma_0} \right)$$
$$- \Omega_0 \left(\cos \gamma_0 \varphi + \beta + \sin \gamma_0 \psi \right) = 0 \;\; . \;\; . \;\; . \;\; (75)$$

Darin sind die Ausdrücke $\varphi_0 r$, $\varphi_0 \varphi$, $p_0 \beta_0 \varphi$, da φ_0, p_0, β_0 sehr klein sind, als von zweiter Ordnung betrachtet und vernachlässigt worden.

41. Gleichungen der Zenit- und Horizont-Anzeigegeräte

Die Anzeigegeräte der winkelmäßigen Orientierung sind die Geräte 8., 13., 17., d. h. die Anzeigegeräte für Zenit, Horizont und Azimut.

Dem letztgenannten widmen wir einen besonderen Abschnitt.

Die Anzeigegeräte von Zenit und Horizont ergeben die Orientierung des Flugzeugs in bezug auf die Erdvertikale. Man nimmt also an, daß ein Kreisel seine Achse konstant senkrecht halte, und man drückt die Beständigkeit in Richtung der Projektion dieser Achse in bezug auf die Symmetrieebene xz, oder auf die Stirnebene zy aus.

Die Projektionen der Senkrechten auf die drei Flugzeugachsen ergeben — abgesehen vom Vorzeichen und für $\cos \varrho_0 = \cos \psi_0 = 1$; $\sin \varphi_0 = \varphi_0$; $\sin \psi_0 = \psi_0$:

in Richtung x: $\sin \beta_0 + \sin \gamma_0 \cos \beta_0 \psi_0 + \cos \gamma_0 \cos \beta_0 \varphi_0$;

in Richtung y: $\sin \gamma_0 \cos \beta_0 - \sin \beta_0 \psi_0$;

in Richtung z: $\cos \gamma_0 \cos \beta_0 - \sin \beta_0 \varphi_0$,

so daß man für den Zenitanzeiger 8. auf Grund der Beziehungen der Projektionen auf z und x

$$\frac{\sin \beta_0 + \sin \gamma_0 \cos \beta_0 \psi_0 + \cos \gamma_0 \cos \beta_0 \varphi_0}{\cos \gamma_0 \cos \beta_0 - \sin \beta_0 \varphi_0} = \text{konst.}$$

erhalten wird. Indem man differenziert und $\sin \beta_0 = \beta_0$ und $\cos \beta_0 = 1$ setzt — angenähert nimmt man $\psi = 0$ an —, erhält man:

$$\beta + \sin \gamma_0 \psi + \cos \gamma_0 \varphi + \beta_0 \operatorname{tg} \gamma_0 \gamma = 0 \;\; . \;\; . \;\; . \;\; . \;\; . \;\; (76)$$

Gl. (76) ist die Instrumentegleichung des Zenitanzeigers.

Man kann leicht einsehen, daß im obigen Falle von $\psi_0 = 0$, wenn man sich an die Gl. (69) der gestörten Bewegung erinnert, der frühere Ausdruck sich zu $\cos \gamma_0 \vartheta$ vereinfacht; die Gerätegleichung des Neigungsmessers ist durch $\psi_0 = 0$ auch in der betrachteten Bewegung wie im Falle des waagerechten, geradlinigen Fluges $\vartheta = 0$.

Dagegen erhält man für den künstlichen Horizont 13., indem man das Verhältnis der Komponenten auf y und z nimmt,

$$\frac{\sin \gamma_0 \cos \beta_0 - \sin \beta_0 \, \psi_0}{\cos \gamma_0 \cos \beta_0 - \sin \beta_0 \, \varphi_0} = \text{konst.}$$

Man erhält wieder, indem man die Formel differenziert und die Ausdrücke zweiter Ordnung nicht berücksichtigt — nachdem man für den Fall $\psi_0 = 0 \sin \beta_0 = \beta_0$, $\cos \beta_0 = 1$ gesetzt hat,

$$\gamma - \beta_0 \left(\cos \gamma_0 \, \psi - \sin \gamma_0 \, \varphi \right) = 0 \quad \ldots \ldots \quad (77)$$

Dies ist die Gleichung des künstlichen Horizontes bei gleichförmiger, schraubenförmiger Bewegung.

Bei waagerechtem Flug reduziert sie sich auf

$$\gamma = 0,$$

die wir schon in früheren Beispielen angewandt haben.

42. Azimutanzeiger und Kompaß

Wir beschränken uns hier auf den waagerechten, geradlinigen Flug. Als Instrumentegleichung des Azimutanzeigers bei geradlinigem Flug nehmen wir $r = 0$ an, obgleich dieses Gerät in geringem Maße wie der Kompaß den Einfluß des Zenitwinkels des Flugzeugs spürt, und obgleich im allgemeinen ϑ_0 nicht gleich Null ist und dies zu einer Instrumentegleichung mit p, q, r führt. Da aber ϑ_0 sehr klein ist, kann dieser Einfluß als von zweiter Ordnung betrachtet werden.

Was man aber beim Kompaß nicht vernachlässigen kann, ist der Einfluß der magnetischen Neigung bei den Schwingungen des Flugzeugs.

Nimmt man nun der Einfachheit halber einen Kompaß mit an zwei Punkten gefesselter Achse an, und nennt man die Tangente der magnetischen Neigung i, den Azimut der nach Norden gerichteten Achse x, der im Sinne des Uhrzeigers positiv ist, ζ_0, und erinnert man an den positiven Sinn der Störungen ϑ (positiv, wenn der Schwanz sich senkt) und γ (positiv, wenn der rechte Flügel sich senkt), so wird man leicht feststellen können, daß die Anzeige des Kompasses, die der Pilot konstant hält, im waagerechten, geradlinigen Flug der Formel

$$\varepsilon = \zeta - i \sin \zeta_0 \vartheta + i \cos \zeta_0 \gamma = \text{konst.}$$

entspricht, und damit der Instrumentegleichung

$$\varepsilon' = r - i \sin \xi_0 \, \vartheta' + i \cos \zeta_0 \gamma' = 0 \quad \ldots \ldots \quad (78)$$

in der wir für ϑ' auch $\beta' + \varphi'$ einsetzen können.

Wir behalten uns eine eingehendere Prüfung des Kompasses in einem späteren Werke vor.

43. Gleichungen der gleichförmigen Schraubenbewegung

Wir fassen noch einmal die obigen Gleichungen zusammen:

[1] Anemometer: $u = 0$

[2] Staudruckmesser $(\varrho_0 = \text{konst.})$: $u = 0$

[3] Drehzahlmesser: $n = 0$

[4] Höhenmesser $(\varrho_0 = \text{konst.})$: $\beta_0 = \beta = 0$

[5] Variometer: $w = V_0 \beta + \beta_0 u = 0$

[6] Beschleunigungsmesser: $P + R_0 \varphi = 0$[1])

[7] Längsneigungsmesser: $j = 0$; d. h.

[72] $(X + \beta_0 Z \cos \gamma_0) u + \left[\left(G - \dfrac{g}{\cos \gamma_0} \right) + \beta_0 K \cos \gamma_0 \right] \varphi = 0$

[8] Zenitanzeiger $(\psi_0 = 0)$: $\vartheta = 0$, d. h.

[76] $\beta + \sin \gamma_0 \psi + \cos \gamma_0 \varphi + \beta_0 \operatorname{tg} \gamma_0 \gamma = 0$

[9] Wendezeiger $(\psi_0 = 0)$: $q = 0$, d. h.

[74] $\beta' + \cos \gamma_0 \varphi' + \sin \gamma_0 (r + \psi') + \Omega_0 \gamma + \Omega_0 \beta_0 (\sin \gamma_0 \varphi - \cos \gamma_0 \psi = 0$

[11] Abtriftmesser $\psi = 0$ (deviometro)

[12] Querneigungsmesser $(\psi_0 = 0)$: $\psi = 0$

[13] Künstlicher Horizont $(\psi_0 = 0)$: $\gamma_1 = 0$, d. h.

[77] $\gamma - \beta_0 (\cos \gamma_0 \psi - \sin \gamma_0 \varphi) = 0$

[14] Rollgeschwindigkeitsmesser: $p = 0$, d. h.

[75] $\begin{cases} \gamma' - \beta_0 \left(\operatorname{tg} \gamma_0 \beta' + \Omega_0 \operatorname{tg} \gamma_0 \gamma + \dfrac{r + \psi'}{\cos \gamma_0} \right) \\ \quad - \Omega_0 (\beta + \cos \gamma_0 \varphi + \sin \gamma_0 \psi) = 0 \end{cases}$

[15] Abtriftmesser $(\Omega_0 = 0)$: $\alpha = 0$ (derivometro)

[16] Kompaß $(\beta_0 = \gamma_0 = \Omega_0 = 0)$: $\varepsilon' = 0$, d. h.

[78] $r - i \sin \zeta_0 \vartheta' + i \cos \zeta_0 \gamma' = 0$

[17] Azimutanzeiger $(\beta_0 = \gamma_0 = \Omega_0 = 0)$: $r = 0$

[18] Wendegeschwindigkeitsmesser: $r = 0$.

44. Aerodynamische Beiwerte in der schraubenförmigen Bewegung

Die in den Gleichungen vorkommenden aerodynamischen Beiwerte sind folgende:

---

[1]) Ableitung: Man differenziert den Nenner der Formel in Nr. 39, der Quer- und Längsneigungsmesser betrifft und vernachlässigt $\varphi_0 R$ gegenüber P.

$$X = \frac{R_0}{m V_0} (3 - e_0) + \frac{g \beta_0}{V} (1 - e_0)$$

$$= \frac{g}{V_0} \left[\left(\frac{C_{r0} (3 - e_0)}{C_{p0} \cos \gamma_0} \right) + \beta_0 (1 - e_0) \right]$$

$$G = \frac{R_0 k_{r0}}{m C_{r0}} \cong \frac{g k_{r0}}{C_{p0} \cos \gamma_0}$$

$$Z = \frac{2 P_0}{m V_0} \cong \frac{2 g}{V_0 \cos \gamma_0}$$

$$K = \frac{P_0}{m C_{p0}} (k_{p0} + C_{r0}) \cong g \left(\frac{k_{p0} + C_{r0}}{C_{p0} \cos \gamma_0} + \beta_0 \right)$$

$$\dots (79)$$

in denen wir

$$k_{r0} = \left(\frac{d C_r}{d \varphi} \right)_0 ; \quad k_{p0} = \left(\frac{d C_p}{d \varphi} \right)_0 ; \quad C_{r0} = C_{r0} + C_{p0} + C_{p0} \beta_0 \cos \gamma_0$$

setzen, da

$$R_0 = C_{r0} \varrho_0 S V_0^2 \qquad P_0 = C_{p0} \varrho_0 S V_0^2$$

$$T_0 = C_{r0} \varrho_0 S V_0^2 = \frac{\eta_0 n_0 C_0}{V_0}$$

ist und man als treibende Kraft $C_0 = $ konst. annimmt, woraus sich wieder

$$C_0 = \frac{V_0}{\eta_0 n_0} \left(\frac{d (\eta n)}{d V} \right)_0 < 1$$

ergibt.

Dieser letzte numerische Beiwert hat im allgemeinen einen typisch linearen Verlauf mit der Geschwindigkeit, die den Wert Eins bei niedrigen Werten von V_0 nicht überschreitet; bei Werten von V_0, die ungefähr der absoluten Höchstleistung des Propellers entsprechen, sinkt der Beiwert bis auf Null.

Bei Luftschrauben, die in bezug auf das angewandte Kräftepaar sehr träge sind, kann man bei der Bewertung von e_0 die Drehgeschwindigkeit $n_0 = $ konst. annehmen. In diesem Falle hängt e_0 nur von den Veränderungen der Leistung ab.

Für den Beiwert E können wir im allgemeinen

$$D_0 = C_{d0} \varrho_0 S V_0^2$$

setzen, wobei C_{d0} eine lineare Funktion von ψ_0 ist, und wir erhalten

$$C_{d0} \cong k_{d0} \cdot \psi_0$$

so daß wir, da wir ungefähr

$$m E \psi_0 = D_0 + T_0 \psi_0$$

angenommen hatten, und da

$$T_0 = C_{r0} \frac{P_0}{C_{p0}} + \mathrm{mg}\,\beta_0 \text{ ist,}$$

$$E = g\left(\frac{k_{d0} + C_{r0}}{C_{p0}\cos\gamma_0} + \beta_0\right) \quad \cdots \cdots \cdots \quad (80)$$

erhalten. Diese Formel ist der für K ähnlich.

Was die Beiwerte k_{p0} und k_{d0} anbelangt, die in den Ausdrücken mit K und E vorkommen, so sind sie zahlenmäßig ungefähr gleich 2 und 0,2, innerhalb der Grenzen des Fluges bei normaler Anstellung.

In der Anwendung der verschiedenen Systeme von Instrumenten auf die Gleichungen der Bewegung erhält man dann einige zusammengesetzte Beiwerte, die wir der Einfachheit halber hier anführen.

$$H_1 = X - \frac{g\,\beta_0}{V_0} \simeq \frac{g}{V_0}\left(\frac{C_{r0}(3 - e_0)}{C_{p0}\cos\gamma_0} - e_0\,\beta_0\right)$$

$$Z_1 = Z\cos\gamma_0 - \Omega_0\,\mathrm{tg}^2\,\gamma_0 \sim \frac{g}{V_0}(2 - \mathrm{tg}^2\,\gamma_0)$$

$$G_1 = \frac{g}{\cos\gamma_0} - G; \quad G_2 = g - \frac{G}{\cos\gamma_0}$$

$$K_1 = K - \beta_0 g\,\mathrm{tg}^2\,\gamma_0 = g\left[\frac{k_{p0} + C_{r0}}{C_{p0}\cos\gamma_0} + \beta_0(1 + \mathrm{tg}^2\,\gamma_0)\right]$$

$$E_1 = E - \beta_0 g = \frac{g(k_{d0} - C_{r0})}{C_{p0}\cos\gamma_0}; \quad \beta_1 = \frac{\beta_0}{\mathrm{tg}^2\,\gamma_0}$$

$$E_2 = E - \beta_0 g\,\cos^2\gamma_0 = g\left[\frac{k_{d0} + C_{r0}}{C_{p0}\cos\gamma_0} + \beta_0\sin^2\gamma_0\right].$$

Durch $\beta_0 = \gamma_0 = 0$ vereinfachen sich diese Beiwerte von selbst auf die Formeln in Gl. (21) für den waagerechten Flug.

45. Beispiele der Instrumenteanalyse

Als Beispiel bringen wir nun einige Anwendungen unserer Gleichungen und wählen die typischsten und einfachsten. Wir bemerken jedoch, daß die besprochenen Kriterien und die angegebenen Formeln auch die Lösung jedes anderen, weniger einfachen Problems gestatten.

Wir werden die Instrumente 1., 3., 4., 6., 11., 15., 17. nicht betrachten, dagegen sechs Kombinationen der kinetischen Anzeigegeräte 9. und 14. besprechen, ferner ein Beispiel für die Flugzeugführung mit Hilfe des Kompasses 16. im geradlinigen, waagerechten Flug und schließlich „allgemeine Kombinationen" von fünf Instrumenten der Längssteuerung mit drei Paaren von Quersteuerungsinstrumenten: also 15 Systeme der Flugzeugführung mit den Geräten 2., 5., 7., 8., 10. in Verbindung mit 12., 13. 18.

Die früher erwähnten Kriterien der Analyse erlauben die Lösung aller möglichen Kombinationen.

Schließlich werden wir, um die Beispiele klarer und einfacher zu gestalten, in einigen von ihnen nur den waagerechten Kurvenflug betrachten ($\beta_0 = 0$).

46. Systeme mit dem Anemometer

Anemometer 2.   Querneigungsmesser 12.   künstl. Horizont 13.

$$u = u' = 0 \qquad\qquad \psi = \psi' = 0 \qquad\qquad \gamma_1 = 0$$

Die Gleichungen lauten:

$$\left.\begin{array}{r} g\,\beta + G\,\varphi = 0 \\ -V_0\,\beta' + g\,\beta_0\,\beta + K_1 \cos\gamma_0\,\varphi = 0 \end{array}\right\} \quad \dots \dots \quad (82)$$

zu denen man die dritte, unabhängige Formel $r = f(\varphi, \beta)$ hinzufügt.

Die charakteristische Determinante ist

$$\begin{vmatrix} g & G \\ -V_0\,x + g\,\beta_0 & K_1\cos\gamma_0 \end{vmatrix} = 0,$$

woraus sich

$$x + \frac{g}{V_0}\left(\frac{K_1\cos\gamma_0}{G} - \beta_0\right) = 0 \quad \dots \dots \quad (83)$$

ergibt, deren Wurzel negativ ist, bis der bekannte Wert gleich Null wird. Dies bedeutet einen stabilen Flug bis zu einem Anstellwinkel, der fast gleich dem des höchsten Auftriebes ist.

Anemometer 2.   Querneigungsmesser 12.

$$u = u' = 0 \qquad\qquad \psi = \psi' = 0$$

Wendegeschwindigkeitsmesser 18.

$$r_1 = 0$$

Die Gleichungen sind nun:

$$\left.\begin{array}{r} g\,\beta + G\,\varphi = 0 \\ -V_0\,\beta' + g\,\beta_0\,\beta + K\cos\gamma_0\,\varphi - g\,\mathrm{tg}\,\gamma_0\,\gamma = 0 \\ \beta_0\,(\sin\gamma_0\,\beta + \mathrm{tg}\,\gamma_0\,\varphi) - \cos\gamma_0\,\gamma = 0 \end{array}\right\} \quad \ldots \quad (84)$$

Sie ergeben die Determinante

$$\begin{vmatrix} g & G & 0 \\ -V_0\,x + g\,\beta_0 & K\cos\gamma_0 & -g\,\mathrm{tg}_0 \\ \beta_0\sin\gamma^0 & \beta_0\,\mathrm{tg}\,\gamma_0 & -\cos\gamma_0 \end{vmatrix} = 0$$

$$x + \frac{g}{V_0}\left[\frac{K\cos\gamma_0}{G} - \beta_0\left(1 + \frac{G_1}{G}\,\mathrm{tg}^2\,\gamma_0\right)\right] = 0 \quad \ldots \ldots \quad (85)$$

woraus sich Stabilität bis zu einem Punkt der Polare, der dem vorigen nahe ist, und nicht weit vom höchsten Auftrieb liegt, ergibt.

Anemometer 2.   künstl. Horizont 13.

$$u = 0 \qquad\qquad \gamma_1 = 0$$

Wendegeschwindigkeitsmesser 18.

$$r = 0.$$

Man erhält die Gleichungen

$$\left.\begin{array}{r} g\,\beta + G\,\varphi = 0 \\ -V_0\,\beta' + g\,\beta_0\,\beta + K_1\cos\gamma_0\,\varphi + E_1\sin\gamma_0\,\psi = 0 \\ g\,\beta_0\sin\gamma_0\,\beta + g\,\beta_1\,\mathrm{tg}\,\gamma_0\,\varphi + V_0\,\psi' + E_2\,\psi = 0 \end{array}\right\} \quad \ldots \quad (86)$$

die

$$\begin{vmatrix} g & G & 0 \\ -V_0\,x + g\,\beta_0 & K_1\cos\gamma_0 & E_1\sin\gamma_0 \\ g\,\beta_0\sin\gamma_0 & g\,\beta_1\,\mathrm{tg}\,\gamma_0 & V_0\,x + E_2 \end{vmatrix} = 0$$

und daher

$$G\,V_0^2 + V_0\,(G\,E_2 + g\,K_1\cos\gamma_0 - G\,g\,\beta_0)\,x + g\,K_1\cos\gamma_0\,E_2$$
$$+ G\,E_1\,g\,\beta_0\sin^2\gamma_0 - g\,G\,E_2\,\beta_0 - g^2\,E_1\,\beta_1\sin\gamma_0\,\mathrm{tg}\,\gamma_0 = 0 \quad \ldots \quad (87)$$

ergeben. Diese Gleichung ergibt ebenfalls einen Punkt der Polare, der nicht weit vom höchsten Auftrieb liegt, bis zu dem der Flug stabil bleibt.

47. Das Anemometer im waagerechten Kurvenflug

Bei waagerechtem Flug lauten die beiden ersten Gleichungen der Stabilität ($\beta_0 = 0$):

$$x + \frac{g\,K\cos\gamma_0}{V_0\,G_0} = 0 \quad \ldots \ldots \ldots \ldots \quad (88)$$

Sie haben eine negative Wurzel

$$x = -\frac{g\,K\cos\gamma_0}{V_0\,G} \simeq -\frac{g\cos\gamma_0}{V_0}\frac{K_{p0}+C_{r0}}{K_{r0}},$$

wodurch ein starker Dämpfungsbeiwert der eventuellen Störung angezeigt wird.

Der dritte Ausdruck wird für $\beta_0 = 0$:

$$\left(x + \frac{E}{V_0}\right)\left(x + \frac{g\,K\cos\gamma_0}{V_0\,G}\right) = 0 \quad\dots\dots\ (89)$$

was man unmittelbar erhält, wenn man in der Determinante $\beta_0 = 0$ setzt. Dies bedeutet eine aperiodische, gedämpfte Bewegung mit zwei Exponenten x_1 und x_2, von denen x_1 mit der vorigen Wurzel x identisch ist und die andere vom Beiwert E abhängt. Man hat also

$$x_1 = -\frac{g\,K\cos\gamma_0}{V_0\,G} \simeq -\frac{g\cos\gamma_0}{V_0}\frac{k_{p0}+C_{r0}}{k_{r0}}$$

$$x_2 = -\frac{E}{V_0} \simeq -\frac{g}{V_0\cos\gamma_0}\frac{k_{d0}+C_{r0}}{C_{p0}},$$

von denen aber x_2, besonders im geradlinigen Flug, weitaus weniger Energie anzeigt als die erste.

48. Systeme mit dem Variometer

Wir betrachten nun den Einfluß des Variometers 5. in der Längssteuerung.

Die Instrumentengleichung des Variometers lautet:

$$w = V_0\beta + \beta_0 u = 0$$

und aus ihr erhält man

$$g\beta = -\frac{g\beta_0}{V_0}u;\ g\beta_0\beta = -\frac{g\beta^2}{V_0}u;$$

und weiter
$$-V_0\beta' = \beta_0 u',$$

die man in die Gleichungen der Bewegung einsetzen kann.

Variometer 5. \quad Querneigungsmesser 12. \quad künstl. Horizont 13.
$$w = 0 \qquad\qquad \psi = 0 \qquad\qquad \gamma_1 = 0$$

Die Gleichungen der Bewegung ergeben:

$$\left.\begin{array}{l}u' + X_1 u + G\varphi = 0\\ \beta_0 u' + Z\cos\gamma_0 u + K_1\cos\gamma_0\varphi = 0\end{array}\right\}\ \dots\dots\ (90)$$

in denen der Ausdruck $\beta_0{}^2$ nicht berücksichtigt wurde, während die dritte Gleichung in bezug auf die Seitenbewegung unabhängig wird und

$$r = f(u, \beta, \varphi) \text{ ergibt.}$$

Aus den obigen Gleichungen erhält man

$$\begin{vmatrix} x + X_1 & \dot{G} \\ \beta_0\, x + Z \cos \gamma_0 & K_1 \cos \gamma_0 \end{vmatrix} = 0,$$

oder

$$(K_1 \cos (\gamma_0 - \beta_0\, G)\, \dot{x} + (K_1 X_1 - GZ) \cos \gamma_0 = 0 \quad \ldots \quad (91)$$

in der der Ausdruck $\beta_0 G$ im ersten Beiwert innerhalb der Grenzen des praktischen Fluges gegenüber $K_1 \cos \gamma_0$ nicht berücksichtigt zu werden braucht.

Die Grenze der Stabilität vereinfacht sich also auf

$$K_1 \overline{X}_1 - GZ = 0$$

und wird, indem man K_1 und X_1 weiter entwickelt,

$$K X - G Z = \beta_0\, g \left(\frac{K}{V_0} - X \operatorname{tg}^2 \gamma_0 \right) \quad \ldots \ldots \ldots \quad (92)$$

ergeben.

Diese Formel zeigt, daß im horizontalen Flug und daher auch in der Kurve, wenn $\beta_0 = 0$ ist, der Grenzpunkt der Stabilität mit dem Punkt identisch ist, der für die geradlinige, waagerechte und gleichförmige Bewegung bestimmt und in Gl. (45)

$$\frac{d\,C_r}{d\,C_p} = \frac{(3 - e)\, C_r}{2\, C_p}$$

definiert wurde und dem Anstellwinkel der „geringsten effektiven Kraft" entspricht.

In Steig- oder Gleitflug weicht der Grenzpunkt von dem oben bestimmten ab.

Variometer 5. Querneigungsmesser 12.

$w = 0$ $\psi = 0$

Wendegeschwindigkeitsmesser 18.

$r = 0$

$\beta_0{}^2$ wird vernachlässigt und die Gleichungen der Bewegung lauten:

$$\left. \begin{array}{r} u' + X_1 u + G \varphi = 0 \\ Z \cos \gamma_0\, u + \beta_0\, u' + K \cos \gamma_0\, \varphi - g \operatorname{tg} \gamma_0\, \gamma = 0 \\ r_0\, u + g\, \beta_0 \operatorname{tg} \gamma_0\, \varphi - g \cos \gamma_0\, \gamma = 0 \end{array} \right\} \quad \ldots \ldots \quad (93)$$

aus denen man

$$\begin{vmatrix} x + X_1 & G & 0 \\ \beta_0\, x + Z\cos\gamma_0 & K\cos\gamma_0 & \operatorname{tg}\gamma_0 \\ r_0 & g\,\beta_0\operatorname{tg}\gamma_0 & \cos\gamma_0 \end{vmatrix} = 0$$

erhält. Oder

$$[K\cos^2\gamma_0 - \beta_0\,(G\cos\gamma_0 + g\operatorname{tg}^2\gamma_0)]\,x$$
$$+ (K X_1 - G Z)\cos^2\gamma_0 - g\,\beta_0 X_1\operatorname{tg}^2\gamma_0 + r_0 G\operatorname{tg}\gamma_0 = 0 \ \ . \ . \ (94)$$

In dieser Gleichung ist der Ausdruck β_0 im allgemeinen im ersten Beiwert nicht unbedingt zu berücksichtigen, und der bekannte Ausdruck ergibt — bei Weglassung der Ausdrücke mit $\beta_0{}^2$ und des Ausdruckes $V_0 X$ gegenüber K — ungefähr die Stabilitätsbedingung bei normalen Flugbedingungen, nämlich

$$K X - G Z = g\,\beta_0\,\frac{K}{V_0} - r_0 G\,\frac{\operatorname{tg}\gamma_0}{\cos^2\gamma_0} \ \ . \ . \ . \ . \ . \ . \ (95)$$

wie im oben angeführten Beispiel.

Der Grenzpunkt der Stabilität weicht also von dem der geringsten effektiven Kraft im einen oder andern Sinne ab.

Variometer 5.   künstlicher Horizont 13.

$w = 0$ $\gamma_1 = 0$

Wendegeschwindigkeitsmesser 18.

$r = 0$

Die Gleichungen lauten:

$$\left.\begin{aligned} u' + X_1 u - G\,\varphi &= 0 \\ \beta_0\, u' + Z\cos\gamma_0\, u + K_1\cos\gamma_0\,\varphi + E_1\sin\gamma_0\,\psi &= 0 \\ r_0\, u - g\,\beta_1\operatorname{tg}\gamma_0\,\varphi + V_0\,\psi' + E_2\,\psi &= 0 \end{aligned}\right\} \ \ . \ . \ . \ (96)$$

und die Determinante ist

$$\begin{vmatrix} x + X & G & 0 \\ \beta_0\, x + Z\cos\gamma_0 & K_1\cos\gamma_0 & E_1\sin\gamma_0 \\ r_0 & g\,\beta_1\operatorname{tg}\gamma_0 & V_0\, x + E_2 \end{vmatrix} = 0,$$

wobei K_1, X_1, β_1, E_1, E_2 dem eventuellen Vorhandensein von β_0 Rechnung tragen.

Betrachtet man nun der Einfachheit halber den Fall der waagerechten Kurve ($\beta_0 = 0$) so erhält man die Stabilitätsgleichung

$$(V_0\, x + E)\,(K x + K X - G Z) + r_0 G E\operatorname{tg}\gamma_0 = 0 \ \ . \ . \ . \ (97)$$

in der der bekannte Ausdruck den Grenzpunkt

$$KX - GZ = - r_0 G \operatorname{tg} \gamma_0 \quad \ldots \ldots \ldots \quad (98)$$

liefert, der im Kurvenflug ziemlich von dem Grenzpunkt im waagerechten Flug abweicht.

Die Bewegung ist aperiodisch, mit 2 Exponenten, die sich für $r_0 = 0$
auf die der geradlinigen, gleichförmigen Bewegung vereinfachen und in
den anderen Fällen wenig verschieden sind:

$$x_1 = - \frac{E}{V_0}; \qquad x_2 = \frac{GZ}{K} - X.$$

Man erhält also dieselbe Bewegung wie mit dem Anemometer. Sie ist
somit einfach aperiodisch, solange der Querneigungsmesser als Instrument der Quersteuerung verwandt wird. Ohne Querneigungsmesser
wird die Bewegung doppelt aperiodisch.

49. Systeme mit Anstellwinkelanzeiger

Betrachten wir nun den Einfluß des Anstellwinkelanzeigers in der
Längssteuerung.

Anstellwinkelanzeiger 10. Querneigungsmesser 12.

$$\varphi = 0 \qquad\qquad\qquad \psi = 0$$

künstlicher Horizont 13.

$$\gamma_1 = \gamma = 0$$

Die Gleichungen der Bewegung lauten:

$$\left.\begin{array}{l} u' + Xu + g\beta = 0 \\ Z \cos \gamma_0\, u - V_0 \beta' + g \beta_0 \beta = 0 \end{array}\right\} \quad \ldots \ldots \ldots \quad (99)$$

während die dritte die unabhängige Beziehung $r = f(u, \beta)$ ergibt.

Man erhält die Determinante

$$\begin{vmatrix} x + X & g \\ Z \cos \gamma_0 & - V_0 x + g \beta_0 \end{vmatrix} = 0,$$

oder

$$x^2 + \left(X - \frac{g \beta_0}{V_0}\right) x + \frac{g}{V_0}\left(Z \cos \gamma_0 - \beta_0 X\right) = 0 \quad \ldots \quad (100)$$

die, da $\beta_0 = \gamma_0 = 0$ Gl. (33) wiedergibt.

In dieser Gleichung ist der bekannte Wert innerhalb der gewöhnlichen
Grenzen von β_0 und γ_0 immer positiv, der Beiwert des zweiten Aus-

druckes ist aber — wenn die Stabilität erhalten bleiben solle — der Bedingung

$$X_1 = X - \frac{g\beta_0}{V_0} > 0$$

unterworfen, das heißt

$$\beta_0 < \frac{C_{r0}}{C_{p0}\cos\gamma_0}^{\frac{3-e_0}{e_0}} \quad \ldots \ldots \ldots \quad (101)$$

Im übrigen ist, da $\beta_0 = 0$ ist, auch der Dämpfungsexponent sehr schwach. Aus diesem gleichen Grunde liefert die Gleichung in jedem Falle eine periodische Bewegung.

Tatsächlich erhält man

$$X_1{}^2 - \frac{4g}{V_0}(Z\cos\gamma_0 - \beta_0 X) \simeq X_1{}^2 - \frac{4gZ\cos\gamma_0}{V_0} = X_1{}^2 - \frac{8g^2}{V_0{}^2}$$

und der höchste Wert des positiven Ausdruckes bleibt viel geringer als der negative.

Die Periode ist daher ungefähr gleich $\dfrac{\pi}{\sqrt{2}}\dfrac{V_0}{g}$.

Anstellwinkelanzeiger 10.   Querneigungsmesser 12

$\varphi = 0$ $r = 0$

Wendegeschwindigkeitsmesser

$\psi = 0$

Die Gleichungen lauten:

$$\left.\begin{aligned}
&u' + Xu + g\beta = 0 \\
&Z\cos\gamma_0 - V_0\beta' - g\beta_0\beta - g\,\mathrm{tg}\,\gamma_0\gamma = 0 \\
&r_0 u - g\beta_0\sin\gamma_0\beta - g\cos\gamma_0\gamma = 0
\end{aligned}\right\} \quad \ldots \ldots \quad (102)$$

und daher erhält man

$$\begin{vmatrix}
x + X & g & 0 \\
Z\cos\gamma_0 & -V_0 x + g\beta_0 & -g\,\mathrm{tg}\,\gamma_0 \\
r_0 & g\beta_0\sin\gamma_0 & -g\cos\gamma_0
\end{vmatrix} = 0$$

und daraus

$$x^2 + \left(X_1 + \frac{g\beta_0}{V_0}\,\mathrm{tg}^2\gamma_0\right)x + \frac{g}{V_0}[Z_1 - X\beta_0(1 - \mathrm{tg}^2\gamma_0)] = 0 \quad (103)$$

aus der man dieselben Folgerungen ziehen kann wie im obigen Falle.

Interessant ist der Fall des waagerechten Kurvenfluges bei 45⁰, der die Ausdrücke mit β_0 Null werden läßt und

$$x^2 + X x + \frac{g^2}{V_0{}^2} = 0$$

ergibt, d. h. eine periodische, leicht gedämpfte Bewegung mit einer $\sqrt{2}$ mal so umfangreichen Periode wie der waagerechte, geradlinige Flug, der durch

$$x^2 + X x + \frac{2 g^2}{V_0{}^2} = 0$$

ausgedrückt wird, wie wir bereits früher angedeutet haben.

Anstellwinkelanzeiger 10.   künstlicher Horizont 13.

$\varphi = 0$ $\gamma_1 = 0$

Wendegeschwindigkeitsmesser 18.

$r = 0$

Man erhält die Gleichungen

$$\left.\begin{array}{r} u' + X u + g\,\beta = 0 \\ Z \cos \gamma_0\, u - V_0\, \beta' + g\,\beta_0\,\beta + E_1 \sin \gamma_0\, \psi = 0 \\ r_0\, u + g\,\beta_0 \sin \gamma_0\,\beta + V_0\,\psi' - E_2\,\psi = 0 \end{array}\right\} \quad \ldots \text{ (104)}$$

und daraus

$$\begin{vmatrix} x + X & g & 0 \\ Z \cos \gamma_0 & -V_0\,x + g\,\beta_0 & E_1 \sin \gamma_0 \\ r_0 & g\,\beta_0 \sin \gamma_0 & V_0\,x + E_2 \end{vmatrix} = 0$$

die zu einer kubischen Gleichung führt und für jeden Wert von β_0 und γ_0 eines bestimmten Punktes der Polare als Stabilitätsgrenze.

Bei horizontaler Kurve ($\beta_0 = 0$) erhält man die Gleichung

$$V_0{}^2\, x^3 + V_0 (V_0\, X + E)\, x^2 + V_0 (E X + g\,Z \cos \gamma_0)\, x$$
$$+ g\,E (Z \cos \gamma_0 - r_0 \sin \gamma_0) = 0 \quad \ldots \ldots \text{ (105)}$$

deren Beiwerte für jeden beliebigen Wert von γ_0 positiv sind. Überdies wird auf jeden Fall die Bedingung von Routh erfüllt, da ja der einzige negative Wert, der sich aus dem Produkt der äußersten Beiwerte ergibt, sich mit dem gleichen positiven Wert aus dem Produkt der zentralen Beiwerte aufhebt.

Man erhält schließlich für den geradlinigen Horizontalflug

$$\left(x + \frac{E}{V_0}\right)\left(x^2 + X x + \frac{2 g^2}{V_0{}^2}\right) = 0 \quad \ldots \ldots \text{ (106)}$$

d. h. eine periodische, langsam gedämpfte Bewegung, wie in den vorherigen Fällen mit der Überlagerung einer exponentialen Bewegung, die von der negativen Wurzel abgeleitet wird, und die für die Systeme ohne Querneigungsmesser charakteristisch ist.

50. Systeme mit Neigungsmesser

Logischerweise müßten wir hier die Systeme mit Zenitanzeiger betrachten, wir ziehen es aber vor, nach der Reihenfolge der Instrumente vorzugehen.

Der Einfachheit halber betrachten wir den Neigungsmesser bei waagerechtem Kurvenflug ($\beta_0 = 0$).

Die Gleichung nimmt dann die einfache Form

$$j = X u - G_1 \varphi = 0$$

an und man erhält

$$\gamma_1 = \gamma.$$

Neigungsmesser 7.	Querneigungsmesser 12.
$j = 0$	$\psi = 0$

künstlicher Horizont 13.

$$\gamma = 0$$

Die Gleichungen

$$\left. \begin{aligned} u' + X u + g \beta - G \varphi &= 0 \\ Z \cos \gamma_0\, u - V_0 \beta' + K \cos \gamma_0\, \varphi &= 0 \\ r_0 u + V_0 r &= 0 \\ X u - G_1 \varphi &= 0 \end{aligned} \right\} \quad \ldots \ldots (107)$$

ergeben

$$\begin{vmatrix} x + X & g & G & 0 \\ Z \cos \gamma_0 & -V_0 x & K \cos \gamma_0 & 0 \\ r_0 & 0 & 0 & V_0 \\ X & 0 & -G_1 & 0 \end{vmatrix} = 0,$$

oder

$$\begin{vmatrix} x + X & g & G \\ Z \cos \gamma_0 & -V_0 x & K \cos \gamma_0 \\ X & 0 & -G_1 \end{vmatrix} = 0,$$

die durch die Gleichung

$$V_0 G_1 x^2 + \frac{g V_0 X}{\cos \gamma_0} x + g \cos \gamma_0 (K X + G_1 Z) = 0 \quad \ldots \quad (108)$$

ausgedrückt wird. Diese deutet in der horizontalen Kurve eine stabile Bewegung an bis zu dem Punkt der Polare, die dem freien Flug mit festen Rudern (Formel (29) entspricht.

Eine nähere Betrachtung der obigen Formel zeigt jedoch, daß die sich ergebende Bewegung auch hier periodisch und langsam gedämpft ist.

Da $\beta_0 = 0$ ist, kommt man auf die schon für den geradlinigen Horizontalflug bestimmten Formeln zurück.

Neigungsmesser 7.   Querneigungsmesser 12.

$j = 0$ $\psi_0 = 0$

Wendegeschwindigkeitsmesser 18.

$r = 0$

Die Gleichungen lauten ($\beta_0 = 0$):

$$\left.\begin{array}{r}
u' + X u + g\,\beta + G\,\varphi = 0 \\
Z \cos\gamma_0\, u - V_0\,\beta' + K \cos\gamma_0\,\varphi - g\,\mathrm{tg}\,\gamma_0\,\gamma = 0 \\
r_0\, u - g \cos\gamma_0\,\gamma = 0 \\
X u - G_1\,\psi = 0
\end{array}\right\} \quad \cdots \quad (109)$$

und liefern

$$\begin{vmatrix}
x + X & g & G & 0 \\
Z \cos\gamma_0 & -V_0\,x & K \cos\gamma_0 & -g\,\mathrm{tg}\,\gamma_0 \\
r_0 & 0 & 0 & -g \cos\gamma_0 \\
X & 0 & -G_1 & 0
\end{vmatrix} = 0$$

also

$$V_0\,G_1\,x^2 + \frac{g\,V_0\,X}{\cos\gamma_0}\,x + g \cos\gamma_0\,(KX + G_1 Z) - V_0\,G_1\,\Omega_0{}^2 = 0 \quad (110)$$

Die Gleichung ist mit der vorherigen identisch bis auf den Ausdruck $G_1\,\Omega_0{}^2$, der anzeigt, daß in diesem Falle die Kurve den Grenzpunkt der Stabilität längs der Polare senkt.

Praktisch bleibt die Bewegung periodisch und langsam gedämpft.

Neigungsmesser 7.   künstlicher Horizont 13.

$j = 0$ $\gamma = 0$

Wendegeschwindigkeitsmesser 18.

$r = 0$

Im Vergleich zum früher behandelten Falle ändern sich nur die zweite und die dritte Gleichung, die für $\beta = 0$ gleich

$$Z \cos \gamma \, u - V_0 \, \beta' + K \cos \gamma_0 \, \varphi + E \sin \gamma_0 \, \psi = 0 \; \Big\} \quad \cdot \; \cdot \; \cdot \; (111)$$
$$r_0 \, u + V_0 \, \psi' + E \, \psi = 0 \; \Big\}$$

werden und man hat daher die Determinante

$$\begin{vmatrix} x + X & g & G & 0 \\ Z \cos \gamma_0 & - V_0 \, x & K \cos \gamma_0 & E \sin \gamma_0 \\ r_0 & 0 & 0 & V_0 \, x + E \\ x & 0 & - G_1 & 0 \end{vmatrix} = 0$$

oder daraus

$$(V_0 \, x + E) \left[V_0 \, G_1 \, x^2 + \frac{g \, V_0 \, X}{\cos \gamma_0} \, x + g \cos \gamma_0 \, (K X + G_1 Z) \right]$$
$$- r_0 \, g \, E \, G_1 \sin \gamma_0 = 0 \; \cdot \; \cdot \; \cdot \; (112)$$

in der der bekannte Wert

$$E \left[g \cos \gamma_0 \, (K X + G_1 Z) - V_0 \, G_1 \, r_0^2 \right] > 0 \quad \cdot \; \cdot \; \cdot \; \cdot \; (113)$$

ergibt. Diese zeigt in der Kurve die Senkung des Grenzpunktes der Stabilität an.

Im wesentlichen ist die Bewegung nicht von der vorherigen verschieden, aber sie ist von einer exponentiellen, langsam gedämpften Bewegung überlagert, die für das Fehlen des Querneigungsmessers unter den Instrumenten der Quersteuerung charakteristisch ist.

Durch $r_0 = 0$ erhält man wieder die Stabilitätsbedingung des geradlinigen, gleichförmigen Fluges, der als Grenzpunkt den des freien Fluges mit festen Rudern ergibt.

51. Systeme mit dem Wendezeiger

Der Wendezeiger (vgl. Boykow, Autopilot) entspricht der Gleichung $q = 0$ und liefert zwei interessante Beispiele, eines für die stabile Bewegung und eines für die unstabile Bewegung, je nach den Quersteuerungsgeräten, die mitwirken. Wir schließen in beide Systeme den Querneigungsmesser ein und lassen die komplizierte Prüfung des Systems ohne Querneigungsmesser weg. Wir setzen $\psi_0 = 0$ und beschränken uns auf den Fall der waagerechten Kurve ($\beta_0 = 0$).

Wendezeiger 9.　　　Querneigungsmesser 12.

$$q = 0 \qquad\qquad \psi = 0$$

künstlicher Horizont 13.

$$\gamma_1 = \gamma = 0$$

Die Gleichungen der Bewegung lauten:

$$\left.\begin{array}{r} u' + Xu + g\beta + G\varphi = 0 \\ Z\cos\gamma_0\,u - V_0\beta' + K\cos\gamma_0\,\varphi = 0 \\ r_0\,u - V_0\,r = 0 \end{array}\right\} \quad \dots \dots (114)$$

Zusammen mit den Instrumentegleichungen, die $q = 0$ entsprechen, erhält man, da $\psi' = 0$, $\gamma = 0$, $\beta_0 = 0$:

$$\beta' + \varphi'\cos\gamma_0 + r\sin\gamma_0 = 0.$$

Es ergibt sich die Determinante

$$\begin{vmatrix} x+X & g & G & 0 \\ Z\cos\gamma_0 & -V_0\,x & K\cos\gamma_0 & 0 \\ r_0 & 0 & 0 & V_0 \\ 0 & x & x\cos\gamma_0 & \sin\gamma_0 \end{vmatrix} = 0$$

und daraus

$$V_0\,x^3 + (K + V_0\,X)\,x^2 + (KX - GZ - gZ\cos\gamma_0 + G\Omega_0\sin\gamma_0)\,x$$
$$+ K\,r_0{}^2 = 0 \quad . \quad . \quad (115)$$

in der alle Beiwerte innerhalb der Stabilitätsgrenze, die durch den Beiwert ersten Grades gegeben und der Grenze bei freiem Flug mit festen Rudern sehr nahe ist, positiv sind.

Überdies wird die Bedingung von Routh immer erfüllt, da das negative Glied $-V_0 K^2\,r_0$, das sich aus dem Produkt der äußeren Beiwerte ergibt, mit dem positiven Glied $K_g Z\cos\gamma_0$ zusammentrifft, das sich aus dem Produkt der zentralen Ausdrücke ergibt, und durch Gl. (79) und Gl. (59) zu folgender Gleichung führt:

$$\frac{K g^2}{V_0}\,(2 - \sin^2\gamma_0) > 0,$$

ganz gleich, wie groß γ_0 sein mag.

Die Bewegung in der waagerechten Kurve ist also vollkommen stabil.

Wenn jedoch in der geradlinigen Bewegung der bekannte Wert mit r_0 verschwindet, so bleibt eine Wurzel gleich Null übrig, und obwohl die Bewegung stabil bleibt, bekommt sie diesseits des Grenzpunktes der Polare einen unbestimmten Charakter.

u, β, φ haben also von Null verschiedene und konstante Werte, die Parameter der anfänglichen, ungestörten Geradeausbewegung verändern sich also.

Es ergibt sich sofort eine Krümmung r, die bestehen bleibt. Also kann die geradlinige Bewegung ohne Hilfe anderer Geräte unmöglich beibehalten werden.

Zu dem gleichen Schluß käme man, wenn man den Wendegeschwindigkeitsmesser direkt bei geradliniger Bewegung betrachten wollte. Man könnte aber nicht die Stabilität des folgenden Kurvenfluges beweisen, wie dies möglich ist, wenn man die geradlinige Bewegung als Grenze der kurvenförmigen betrachtet.

Wendezeiger 19. Querneigungsmesser 12.

$$\varrho = 0 \qquad\qquad \psi = 0$$

Wendegeschwindigkeitsmesser 18.

$$r = 0$$

Die Gleichungen der Bewegung lauten nun:

$$\left.\begin{aligned}
u' + X u + g \beta + G \varphi &= 0 \\
Z \cos \gamma\, u - V_0 \beta' + K \cos \gamma_0\, \varphi - g \operatorname{tg} \gamma_0\, \gamma &= 0 \\
r_0 u - g \cos \gamma_0\, \gamma &= 0 \\
\beta' + \cos \gamma_0\, \varphi' + \Omega_0\, \gamma &= 0
\end{aligned}\right\} \quad \cdots \ (116)$$

und führen zur Bedingung

$$\begin{vmatrix}
x + X & g & G & 0 \\
Z \cos \gamma_0 & -V_0\, x & K \cos \gamma_0 & -g \operatorname{tg} \gamma_0 \\
r_0 & 0 & 0 & -g \cos \gamma_0 \\
0 & x & x \cos \gamma_0 & \Omega_0
\end{vmatrix} = 0$$

die, da $V_0 \Omega_0 - g \operatorname{tg} \gamma_0$ und $r_0 = \Omega_0 \cos \gamma_0$ ist, zur Gleichung

$$V_0 x^3 + (K + V_0)\, x^2 + (K X - G Z + g Z \cos \gamma_0 - V_0 \Omega_0)^2\, x$$
$$- K \Omega_0{}^2 = 0 \quad \cdots \ (117)$$

führt, die von der früheren verschieden ist, da $- V_0 \Omega_0{}^2$ an Stelle von $+ G \Omega_0 \sin \gamma_0$ im Beiwert des dritten Ausdruckes steht, was den zahlenmäßigen Wert nicht wesentlich beeinflußt, und weil $- K \Omega_0{}^2$ im bekannten Ausdruck an Stelle von $+ K r_0{}^2$ steht, was eindeutig auf unstabile Bewegung hinweist.

Wenn man nun zur Grenze, d. h. zur geradlinigen Bewegung übergeht, findet man dieselbe Gleichung wie im obigen Falle mit einer Null-Wurzel (Zeichen von Unbestimmtheit) und zwei Wurzeln mit negativem Realteil. Da aber diese Unbestimmtheit die Unmöglichkeit bedeutet, ohne Hilfe anderer Instrumente die geradlinige Bewegung zu bewahren und sie daher kurvenförmig werden muß (Ω_0 wird von Null verschieden sein), hat man in diesem Falle eine unstabile Bewegung, selbst wenn man — zum Unterschied von früher — von einem geradlinigen und gleichförmigen Flug ausgeht.

Das Zusammenwirken zweier kinetischer Instrumente in einem System, wie die obenerwähnten, führt zur Unstabilität im Instrumenteflug.

52. Systeme mit Rollgeschwindigkeitsmesser

Zu einem anderen interessanten Schluß kommt man, wenn man zwei Systeme mit dem Rollgeschwindigkeitsmesser betrachtet.

Der Rollgeschwindigkeitsmesser entspricht der Gleichung $p = 0$. Der Einfachheit halber wollen wir den Querneigungsmesser in die Systeme einschließen und, wie früher, $\beta_0 = \psi_0 = 0$ setzen.

Rollgeschwindigkeitsmesser 14.   Querneigungsmesser 12.
$$p = 0 \qquad\qquad\qquad \psi = 0$$

Anstellwinkelmesser 10.
$$\varphi = 0$$

In diesem Falle erhält man $p = \gamma' - \Omega_0 \beta = 0$, die man mit den Gleichungen der Bewegung verbindet

$$\left.\begin{aligned} u' - X u - g\beta &= 0 \\ Z \cos\gamma_0\, u - V_0 \beta' - g\,\mathrm{tg}\,\gamma_0\,\gamma &= 0 \\ r_0\, u - g \cos\gamma_0\,\gamma - V_0\, r &= 0 \end{aligned}\right\} \quad \ldots \ldots \quad (118)$$

und erhält

$$V_0 \begin{vmatrix} x + X & g & 0 \\ Z\cos\gamma_0 & -V_0\, x & -g\,\mathrm{tg}\,\gamma_0 \\ 0 & -\Omega_0 & x \end{vmatrix} = 0$$

also:

$$V_0\, x^3 + V_0 X x^2 + g\,(Z\cos\gamma_0 + \Omega_0\,\mathrm{tg}\,\gamma_0)\, x + V_0 X \Omega_0{}^2 = 0 \quad . \; . \; (119)$$

In dieser Gleichung sind alle Beiwerte positiv und überdies wird die Bedingung von Routh immer erfüllt, da der Ausdruck $-X V_0{}^2 \Omega_0{}^2$ sich mit dem entsprechenden $+X V_0 \Omega_{0g}\,\mathrm{tg}\,\gamma_0$ aufhebt.

Die Bewegung ist also stabil.

Geht man als Grenze zum geradlinigen Flug über, so erhält man eine Null-Wurzel und zwei Wurzeln mit negativem Realteil, die für den

Anstellwinkelmesser charakteristisch sind. Die Null-Wurzel bedeutet Unbestimmtheit, aber Neigung zum stabilen, kurvenförmigen Flug. Rollgeschwindigkeitsmesser 16. Querneigungsmesser 12. Anemometer 2.

$$p = 0 \qquad\qquad \psi = 0 \qquad\qquad u = 0$$

Die Gleichung $p = 0$ wird nun

$$\gamma' - \Omega_0\,(\beta + \varphi \cos \gamma_0) = 0$$

und ergibt im Zusammenhang mit den Gleichungen der Bewegung

$$\left.\begin{array}{r} g\,\beta + G\,\varphi = 0 \\ - V_0\,\beta' + K \cos \gamma_0\, \varphi - g\,\mathrm{tg}\,\gamma_0\,\gamma = 0 \\ - g \cos \gamma_0\,\gamma + V_0\,r = 0 \end{array}\right\} \quad \ldots \ldots \; (120)$$

und man erhält

$$V_0 \begin{vmatrix} g & G & 0 \\ - V_0\,x & K \cos \gamma_0 & - g\,\mathrm{tg}\,\gamma_0 \\ - \Omega_0 & - \Omega_0 \cos \gamma_0 & x \end{vmatrix} = 0.$$

Daraus folgt:

$$G\,V_0\,x^2 + g\,K \cos \gamma_0\,x - V_0\,\Omega_0{}^2\,(g \cos \gamma_0 - G) = 0 \quad \ldots \; (121)$$

die auf deutliche Unstabilität im kurvenförmigen Flug hinweist, solange $g \cos \gamma_0$ größer als G ist.

Geht man zur Grenze über, so ergibt sich die geradlinige Bewegung also als unbestimmt mit der Neigung zu unstabilem Kurvenflug.

Rollgeschwindigkeitsmesser 14. Querneigungsmesser 12. Variometer 5.

Die Bewegung ist in der waagerechten Kurve instabil und bei geradlinigem Flug unbestimmt.

Rollgeschwindigkeitsmesser 14.   Querneigungsmesser 12.

Längsneigungsmesser 7.

Die Bewegung ist in der waagerechten Kurve stabil, bei geradlinigem Flug unbestimmt.

53. Systeme mit dem Zenitanzeiger

Auch für diese Systeme werden wir uns auf den Fall der waagerechten Kurve ($\beta_0 = 0$) beschränken. Im Kurvenflug sind natürlich die Stabilitätsgrenzen wesentlich enger. Dies kann aber leicht von Fall zu Fall festgestellt werden, während die allgemeinen Ergebnisse dadurch keinen Vorteil hätten.

Wir setzen auch $\psi_0 = 0$, was die Instrumentegleichung des Zenitanzeigers auf $\vartheta = 0$ führt — wie in der geradlinigen Bewegung —, ausgenommen den komplizierteren Ausdruck von ϑ mit den von uns eingeführten Veränderlichen.

Zenitanzeiger 8.	Querneigungsmesser 12.	künstlicher Horizont 13.
$\vartheta = 0$	$\psi = 0$	$\gamma_1 = \gamma = 0$

Die Gleichungen der Bewegung ergeben einfach

$$\left.\begin{array}{l} u' + Xu + g\beta + G\varphi = 0 \\ Z\cos\gamma_0\, u - V_0\beta' + K\cos\gamma_0\,\varphi = 0 \end{array}\right\} \quad \cdots \cdots (122)$$

da die dritte sich als unabhängig ergibt und r als Funktion von u liefert.

Diesen Gleichungen fügt man die Instrumentegleichung

$$\beta + \cos\gamma_0\varphi = 0$$

hinzu und erhält die Determinante

$$\begin{vmatrix} x + X & g & G \\ Z\cos\gamma_0 & -V_0\,x & K\cos\gamma_0 \\ 0 & 1 & \cos\gamma_0 \end{vmatrix} = 0,$$

woraus man Gl. (123) erhält:

$$V_0\,x^2 + (V_0 X + K)\,x + KX - GZ + gZ\cos\gamma_0 = 0 \quad \cdot\ \cdot\ (123)$$

Diese deutet auf Stabilität im Kurvenflug hin und läßt sich im Falle $\gamma_0 = 0$ auf die Gl. (41) zurückführen, d. h. auf den dritten Faktor der Gl. (27) in bezug auf den Flug mit festen Rudern. Die Stabilitätsbedingung ist also durch die Positivität des bekannten Wertes gegeben und läßt sich im Falle des geradlinigen Fluges auf Gl. (28) zurückführen.

Zenitanzeiger 8.	Querneigungsmesser 12.
$\vartheta = 0$	$\psi = 0$

Wendegeschwindigkeitsmesser 18.

$$r = 0$$

Da $\beta = 0$ ist, sind die Gleichungen der Bewegung

$$\left.\begin{array}{l} u' + Xu + g\beta + G\varphi = 0 \\ Z\cos\gamma_0\, u - V_0\beta' + K\cos\gamma_0\,\varphi - g\,\mathrm{tg}\,\gamma_0\,\gamma = 0 \\ r_0\,u - g\cos\gamma_0\,\gamma = 0 \end{array}\right\} \quad \cdots\ (124)$$

und ergeben zusammen mit der Instrumentegleichung

$$\beta + \varphi \cos \gamma_0 = 0$$

die Determinante

$$\begin{vmatrix} x + X & g & G & 0 \\ Z \cos \gamma_0 & -V_0 x & K \cos \gamma_0 & \operatorname{tg} \gamma_0 \\ r_0 & 0 & 0 & \cos \gamma_0 \\ 0 & 1 & \cos \gamma_0 & 0 \end{vmatrix} = 0,$$

woraus man

$$V_0 x^2 + (K + V_0 X) x + KX + G_2 Z_1 = 0 \quad \ldots \quad (125)$$

erhält, in der G_2 und Z_1 die schon definierte Bedeutung haben.

Man erhält nun

$$G_2 Z_1 = \left(g - \frac{G}{\cos \gamma_0}\right)(Z \cos \gamma_0 - \Omega_0 \operatorname{tg} \gamma_0)$$

$$= \frac{g^2}{V_0}\left(1 - \frac{k r_0}{C_{p\,0} \cos^2 \gamma_0}\right) - (2 - \operatorname{tg}^2 \gamma_0),$$

die im Zusammenhang mit KX die Bestimmung der Stabilitätsgrenze im waagerechten Kurvenflug erlaubt.

Für die geradlinige Bewegung ergibt sich daraus Gl. (41).

Zenitanzeiger 8.   künstlicher Horizont 13.
$$\vartheta = 0 \qquad\qquad \gamma_1 = \gamma = 0$$

Wendegeschwindigkeitsmesser 18.
$$r = 0$$

Die Gleichungen lauten, da $\beta_0 = 0$:

$$\left.\begin{aligned} u' + Xu + g\beta + G\varphi &= 0 \\ Z \cos \gamma_0\, u - V_0 \beta' + K \cos \gamma_0\, \varphi + E \sin \gamma_0\, \psi &= 0 \\ r_0 u + V_0 \psi' + E \psi &= 0 \\ \beta + \cos \gamma_0\, \varphi + \sin \gamma_0\, \psi &= 0 \end{aligned}\right\} \quad \ldots \quad (126)$$

und führen zur Bedingung

$$\begin{vmatrix} x + X & g & G & 0 \\ Z \cos \gamma_0 & -V_0 x & K \cos \gamma_0 & E \sin \gamma_0 \\ r_0 & 0 & 0 & V_0 x + E \\ 0 & 1 & \cos \gamma_0 & \sin \gamma_0 \end{vmatrix} = 0,$$

die eine normale kubische Gleichung ergibt wie bei den Systemen mit Querneigungsmesser, und die eine stabile Bewegung innerhalb leicht festzustellender Grenzen andeutet.

Für den geradlinigen Flug ergibt sich daraus — abgesehen vom Faktor x — die Gl. (27), also

$$(V_0 x + E)(V_0 x^2 + (V_0 X + K) x + KX - GZ + gZ) = 0 \qquad (127)$$

die drei reelle negative Wurzeln hat, wie wir bei Betrachtung des zweiten Faktors noch beweisen werden.

Prüfung der Wurzeln der Gl. (41).

Die gemeinsame Formel für die Systeme mit Neigungsmesser bei geradliniger, waagerechter Bewegung ist Gl. (41)

$$V_0 x^2 + (V_0 X + K) x + KX - GZ + gZ = 0$$

und entspricht dem freien Flug mit festen Rudern als dritter Faktor der Gl. (27) und ist darum interessant, weil sie zum Unterschied von z. B. Gl. (100) und Gl. (108) eine deutlich aperiodische Bewegung infolge der starken Dämpfung durch die Anwesenheit des Ausdruckes K im zweiten Beiwert ergibt.

Die Diskriminante der Gl. (41) kann man wie folgt darstellen:

$$(K + V_0 X) 2 - 4 V_0 (KX - GZ + gZ) = (K - V_0 X)^2 - 4 gZ + 4 GZ$$

und diese Formel wird durch Einführung der Werte X, Z, K, G, gleich

$$\frac{g^2}{C_{p0}^2} [(k_{p0} \cdot (2 - e_0) C_{r0})^2 - 8 C_{p0} (C_{p0} - k_{r0})] \quad . \quad . \quad . \quad . \quad (128)$$

In dieser Gleichung kann man bei hoher ungestörter Geschwindigkeit $k_{p0} = 2$ setzen, $e_0 = 0$, $C_{r0} = 0{,}02$, $k_{r0} = 0$, wodurch der zahlenmäßige Wert positiv wird, wie groß auch der Wert von C_{p0} sei.

Bei geringer Geschwindigkeit kann man $k_{p0} = 2$; $e_0 = 1$; $C_{r0} = 0{,}05$; $C_{p0} \leq 0{,}6$; $k_{r0} = 0{,}35$ setzen und so auch hier positive Zahlen erhalten.

Die Diskriminante der Gl. (41) ist also innerhalb der praktischen Grenzen des Fluges immer positiv, und die Gl. (41) hat immer zwei reelle negative Wurzeln von der mittleren Größenordnung — 0,5.

Daher ist die Bewegung immer genügend aperiodisch gedämpft. Ein ähnliches Ergebnis ist dagegen beim Zenitanzeiger in Verbindung mit dem Längsneigungsmesser und dem Anstellwinkelanzeiger, die zu einer periodisch langsam gedämpften Bewegung führen, nicht festzustellen. Im Zusammenhang mit Gleichungen ersten Grades mit dem Anemometer und Variometer erhält man es wieder; ferner beim freien Flug mit festen Rudern unter den Bedingungen von Nr. 12.

Es ist klar, daß diese Ergebnisse sich auf ideale Instrumente beziehen, die erst über den denkenden Servomotor angewandt werden, der für unsere Instrumentegleichungen Voraussetzung ist.

54. Systeme mit dem Kompaß

Wie wir bereits angedeutet haben, führt der Kompaß, dessen Geräte-gleichung in der Schiffahrt sehr einfach ist, in der Luftfahrt zu sehr komplizierten Gleichungen, und zwar wegen der Veränderlichkeit der Winkelorientierung des Flugzeugs.

Wir wollen uns darum hier nur mit dem geradlinigen Horizontalflug beschäftigen und die schon erwähnten Annäherungen anwenden.

Kompaß 16.   Querneigungsmesser 12.   Anemometer 1.

$$\varepsilon' = 0 \qquad\qquad \psi' = 0 \qquad\qquad u = 0$$

Bei geradlinigem Horizontalflug erhalten wir die Gleichungen

$$\left.\begin{aligned} g\,\beta + G\,\varphi &= 0 \\ = V_0\,\beta' + K\,\varphi &= 0 \\ -g\,\gamma + V_0\,r &= 0 \\ r - i\sin\zeta_0\,(\beta' + \varphi') + i\cos\zeta_0\,\gamma &= 0 \end{aligned}\right\} \quad \dots \dots (129)$$

und daraus die Determinante

$$\begin{vmatrix} g & G & 0 & 0 \\ -V_0\,x & K & 0 & 0 \\ 0 & 0 & -g & V_0 \\ -i\sin\zeta_0 & -i\sin\zeta_0 & i\cos\zeta_0\cdot x & 1 \end{vmatrix} \dots = 0$$

die die Längsbewegung von der Querbewegung trennt und

$$(G\,V_0\,x + K\,g)\,(V_0\,i\cos\zeta_0\cdot x + g) = 0 \quad \dots \dots (130)$$

ergibt. Für die Stabilität ist es notwendig, daß $\cos\zeta_0$ positiv sei, was nur bei südlichem Kurs der Fall ist.

Kompaß 16.   Querneigungsmesser 12.   Anstellwinkelmesser 10.

$$\varepsilon' = 0 \qquad\qquad \psi = 0 \qquad\qquad \varphi = 0$$

Man erhält Gl. (131)

$$(V_0^2 + V_0\,x + g\,Z)\,(V_0\,i\cos\zeta_0\cdot x + g) = 0 \quad \dots \dots (131)$$

die Unstabilität bei nördlichem Kurs andeutet.

Kompaß und künstlicher Horizont.

In diesem Falle erhält man $\gamma = \gamma' = 0$ und daher eine stabile Bewegung. Dies ist logisch, da die seitliche Schräglage des Kompasses unverändert bleibt.

55. Kombinationen von nur zwei Instrumenten

Wir bringen einen einzigen Fall, den wir für interessant halten, und der mit den Beispielen für den geradlinigen Flug zusammenhängt. Er betrifft die doppelte Kombination Neigungsmesser—Querneigungsmesser, d. h. jener zwei Pendelgeräte, deren natürliche Vorbilder der Mensch in den Gleichgewichtsorganen des Ohres besitzt. Sie können also als zwei dem Piloten angeborene — wenn auch nicht allzu empfindliche — Geräte betrachtet werden. Es ist interessant, sie zu studieren und zu erforschen, ob sie für den Blindflug genügen.

Wir werden darum die für $\varphi = 0$ und $\beta_0 = 0$ sich ergebenden Gleichungen der Bewegung

$$\left.\begin{array}{r} u' + Xu + g\beta + G\varphi = 0 \\ Z\cos\gamma_0\,u - V_0\beta' + K\cos\gamma_0\,\varphi - g\,\mathrm{tg}\,\gamma_0\,\gamma = 0 \\ r_0\,u - g\cos\gamma_0\,\gamma + V_0\,r = 0 \end{array}\right\} \quad \ldots \text{ (132)}$$

mit der Gleichung des Neigungsmessers ($\beta_0 = 0$)

$$Xu - G_1\varphi = 0$$

und mit einer der Eulerschen Gleichungen ($\psi = 0$) verbinden:

$$\left.\begin{array}{l} \gamma'' + R\gamma' + Ir = 0 \text{ (festes Querruder)} \\ J\gamma' + r' + Sr = 0 \text{ (festes Seitenruder)} \end{array}\right\} \quad \ldots \ldots \text{ (49a)}$$

In diesen Fällen erhält man folgende Gleichungen:

Bei festem Querruder:

$$\left(x^2 + Rx + \frac{I\cos\gamma_0}{V_0}\right)\left(G_1 V_0 x^2 + V_0 X \frac{g}{\cos\gamma_0} x + g\cos\gamma_0\,(KX + G_1 Z)\right)$$
$$- g^2 G_1 I r_0\,\mathrm{tg}\,\gamma_0 = 0 \quad \ldots \text{ (133)}$$

Mit festem Seitenruder:

$$((V_0 J + g\cos\gamma_0)\,x + Sg\cos\gamma_0)$$
$$\left(G_1 V_0 x^2 + V_0 X \frac{g}{\cos\gamma_0} x + g\cos\gamma_0\,(KX + G_1 Z)\right)$$
$$- g^2 G_1\,(x + S)\,r_0\,\mathrm{tg}\,\gamma_0 = 0 \quad \ldots \text{ (134)}$$

Bei geradliniger Bewegung werden sie die Produkte aus der Gleichung des Neigungsmessers und des isolierten Querneigungsmessers.

Die Ergebnisse sind die gleichen, wie im letzten Fall, also:

Im Fall des festen Querruders ist der bekannte Ausdruck immer negativ, da $I < 0$ ist, und die Bewegung ist daher immer unstabil.

Im Falle des festen Seitenruders hat der Ausdruck dritten Grades einen negativen Beiwert, wenn

$$V_0 J + g \cos \gamma_0 < 0 \quad \ldots \ldots \ldots \ldots \quad (135)$$

ist, und der Flug ist unstabil.

Diese Ungleichheit trifft fast immer bei gewöhnlichen Flugzeugen zu, kann aber bei·Flugzeugen mit geringer Spannweite im Verhältnis zum Trägheitsradius in Richtung der Querachse nicht bemerkt werden. Tatsächlich erhält man

$$\frac{V_0 J}{\cos \gamma_0} + g \sim g \left(1 - \frac{0{,}20\, b^2}{\lambda\, i_c^2 \cos 2\, \gamma_0} \right), \quad \ldots \ldots \quad (136)$$

in der sich der zahlenmäßige Beiwert aus aerodynamischen Experimenten ergibt. b ist die Flügelspannweite, λ das Seitenverhältnis, i_c der Trägheitsradius in Richtung der Querachse, und man hat den Beiwert von Munk eingesetzt:

$$\mu = \frac{2\, C_{p0}}{\lambda}.$$

Damit der Ausdruck positiv wird, wenn $\lambda = 5$ ist, muß die Spannweite mindestens 5 mal so groß sein wie der Trägheitsradius.

Auf jeden Fall erweist sich die Stabilität als sehr labil. Wir stellen also fest, daß die beiden Instrumente, die dem menschlichen Gleichgewichtssinn entsprechen, für den Blindflug nicht ausreichen.

Dieses Ergebnis ändert sich aber natürlich, wenn man sich eines dritten Instrumentes bedient, das z. B. dem kinetischen Sinne entspricht, und als ein azimutaler Beschleunigungmesser betrachtet werden kann. Setzt man dann an Stelle der Eulerschen Gleichung die entsprechende Instrumentegleichung $r' = 0$, so verschwinden in der Gleichung die negativen Ausdrücke und man erhält

$$x \left[G_1 V_0 x^2 + \frac{V_0 X g}{\cos \gamma_0} x + g \cos \gamma_0 (K X + G_1 Z_1) \right] = 0 \quad . \; . \; (137)$$

die zwar Unbestimmtheit, aber nicht Unstabilität andeutet.

Nun führt die Unbestimmtheit aber zu konstanten willkürlichen Werten in den Störungen r und β, so daß der Blindflug ohne die Hilfe eines Instrumentes nicht waagerecht und geradlinig bleibt, wohl aber mit Hilfe der für hohe und entfernte Ziele notwendigen Geräte, Kompaß und Höhenmesser. Denn damit kann der Pilot den Flug immer berichtigen und Höhe und Richtung lange einhalten.

Auf dieses Ergebnis haben wir bereits im April des laufenden Jahres hingewiesen[1]).

56. Schlußfolgerungen

Wir haben den Instrumenteflug vollständig und teilweise bei schraubenförmiger Bewegung betrachtet und die Bestätigung der für den waagerechten Flug bereits gefundenen Ergebnisse erhalten.

Wir haben den Einfluß der verschiedenen Instrumentensysteme betrachtet und untersucht, welche zur Stabilität und welche zur Unstabilität führen und innerhalb welcher Grenzen.

Wir haben gefunden, daß einige Systeme zu einem aperiodisch gedämpften Flug führen, andere zu einem langsam periodisch gedämpften. Wir haben schließlich auf die theoretische Möglichkeit des Fluges ohne Instrumente hingewiesen.

Wir behalten uns eine eingehendere Prüfung der interessantesten Fälle auf Grund der reellen Gleichungen der Instrumente und der Verwendung der mechanischen Servomotoren vor.

(1) CROCCO, *Volo strumentale.* Conferenza svolta all' Istituto Medico Legale di Roma; «L'Aerotecnica», aprile 1933, p. 345 e seg.